移动边缘计算

王尚广　周　傲　魏晓娟　柳玉炯　**编著**

 北京邮电大学出版社
www.buptpress.com

内 容 简 介

移动边缘计算能够满足 5G、车联网、虚拟/增强现实、智慧城市、智能家居、智慧医疗、公共安全等行业应用对大数据处理、网络带宽及时延等方面的迫切需求。为此本书针对与移动边缘计算相关的若干关键问题，本着通俗、科普、微学术的原则，介绍了移动边缘计算的由来、与 5G 的关系、关键技术、典型应用场景、实验平台以及未来的研究挑战等。

本书可作为政府与企业人员、咨询公司工作人员、一般技术人员、工程研究人员以及博士生、研究生、本科生等快速了解和熟悉移动边缘计算技术的科普类参考书。

图书在版编目(CIP)数据

移动边缘计算 / 王尚广等编著. -- 北京：北京邮电大学出版社，2017.8(2018.8 重印)
ISBN 978-7-5635-5280-1

Ⅰ. ①移… Ⅱ. ①王… Ⅲ. ①无线电通信—移动通信—计算 Ⅳ. ①TN929.5

中国版本图书馆 CIP 数据核字(2017)第 219491 号

书　　　名：移动边缘计算
著作责任者：王尚广　周　傲　魏晓娟　柳玉炯　编著
责 任 编 辑：姚　顺　孙宏颖
出 版 发 行：北京邮电大学出版社
社　　　址：北京市海淀区西土城路 10 号(邮编：100876)
发 行 部：电话：010-62282185　传真：010-62283578
E-mail：publish@bupt.edu.cn
经　　　销：各地新华书店
印　　　刷：北京九州迅驰传媒文化有限公司
开　　　本：880 mm×1 230 mm　1/32
印　　　张：4
字　　　数：82 千字
版　　　次：2017 年 8 月第 1 版　2018 年 8 月第 2 次印刷

ISBN 978-7-5635-5280-1　　　　　　　　　　　　　　　定价：26.00 元

前　　言

　　移动互联网和物联网的飞速发展促进了新业务和新数据的不断涌现,使得移动通信流量在过去的几年间经历了爆炸式增长,越来越多的移动应用也尝试在终端完成更加复杂的逻辑功能,诸如人工智能、虚拟/增强现实、大型游戏等。虽然终端设备可以通过访问云计算数据中心为用户提供便利的服务支持,但是增加了网络负荷和数据传输时延,给用户体验质量带来了一定的影响。因此,为了有效满足各类新业务对高带宽、低时延的需求,移动边缘计算应运而生。具体而言,移动边缘计算可利用无线接入网络就近提供移动用户 IT 所需服务和云端计算功能,而创造出一个具备高性能、低延迟与高带宽的移动服务环境,加速网络中各项内容、服务及应用的快速下载,让消费者享有不间断的高质量网络体验。

　　自 2014 年欧洲电信标准化协会开始推动移动边缘计算相关标准化工作以来,在短短的三年时间内移动边缘计算就产生了巨大的影响力。华为、IBM、Intel、思科等 IT 巨头正在以前所未有的速度推动移动边缘计算技术的研究。笔者自 2014 年以来,也一直从事移动边缘计算的研究工作,2016 年作为程序委员会共同主席与法国的 Anthony Simonet、Adrien Lebre 教授共同发起了 IEEE 第一届雾与边缘计算国际会议(该会议已于 2017 年 5 月在西班牙马德里成功召开),并在多个国际 SCI 期刊组织了与移动边缘计算相关的专题征稿。在与国内科研人员和企业技术人员的交流中发现,目前大家都对移动边缘计算的概念和研究领域还不是很清晰,而市场上还没有系统介绍移动边缘计算的中文著作,这给国内移动边缘计算的普及和发展造成了一定的障碍。

为此,我们编写了本书,希望通过本书能让读者了解移动边缘计算的相关知识。由于本书的定位是通俗性、科普性和微学术性,希望读者在读过本书之后,对移动边缘计算有一个基本的了解,那么本书的目的和意义也就达到了。

在本书的撰写过程中,多名博士生和硕士生参与了撰写和材料组织工作,如许金良、丁春涛、张晓宇、刘家磊、李元哲、郭燕、杨明哲、柯仁康等(排名不分先后),对上述人员的辛勤努力,我们表示衷心的感谢! 最后,感谢本书的主编:王尚广、周傲。

作　者

2017 年 6 月

目　　录

第1章 基本概述

自 2014 年欧洲电信标准化协会（European Telecommunications Standards Institute，ETSI）开始推动移动边缘计算（Mobile Edge Computing，MEC）相关标准化工作以来，在短短的三年时间内移动边缘计算就产生了巨大的影响力。华为、IBM、Intel 等 IT 巨头正在以前所未有的速度推动移动边缘计算技术的研究，边缘计算研讨会（ACM/IEEE Symposium on Edge Computing）、雾与边缘计算国际会议（IEEE International Conference on Fog and Edge Computing）、边缘计算国际会议（IEEE International Conference on Edge Computing）等与移动边缘计算相关的国际会议正在兴起，同时学术界和产业界也成立了多个移动边缘计算产业联盟。三年前，学术界和产业界还在争论移动边缘计算技术到底有什么作用，而如今学术界和产业界已经认可了移动边缘计算的未来前景。那么，移动边缘计算到底是什么？移动边缘计算有哪些相似解决方案？移动边缘计算与 5G 的关系是什么？移动边缘计算有哪些问题需要深入研究？本章将分析这些问题，目的是帮助读者对移动边缘计算形成一个初步认识。

1.1 移动边缘计算的由来

移动互联网和物联网的飞速发展促进了各种新型业务的不断涌现，使得移动通信流量在过去的几年间经历了爆炸式增长，移动终端（智能手机、平板电脑等）已逐渐取代个人计算机成为人们日常工作、学习、生活、社交、娱乐的主要工具。同时，海量的物联网终端设备如各种传感器、智能电表、摄像头等，则广泛应用在工业、农业、医疗、教育、交通、智能家居、环境等行业领域。虽然上述终端设备直接访问云计算中心的方式给人们的生活带来便利，并改变了人们的生活方式，但是所有业务都部署到云计算中心，这极大地增加了网络负荷，造成网络延迟时间较长，这对网络带宽、时延等性能提出了更高的需求。除此之外，为了解决移动终端有限的计算、存储以及功耗问题，需要将高复杂度、高能耗计算任务迁移至云计算中心的服务器端完成，从而降低移动终端的能耗，延长其待机时间。然而将计算任务迁移至云计算中心的方式不仅带来了大量的数据传输，增加了网络负荷，而且增加了数据传输时延，给时延敏感型业务应用（如工业控制类应用等）和用户体验质量带来了一定影响[1]。因此，为了有效解决移动互联网和物联网快速发展带来的高带宽、低时延等需求，移动边缘计算的概念得以提出，并得到了学术界和产业界的广泛关注。

根据 ETSI 的定义，移动边缘计算即在距离用户移动终端最近的无线接入网内提供信息技术服务环境和云计算能力，旨在进一步减小延迟/时延、提高网络运营效率、提高业务分发/传送能力、优化/改善终端用户体验。移动边缘计算可以被视为运行于移动网络边缘的云服务器，用以执行传统网络基础设施不能实现的特定任务。如图 1-1 所示[2]，移动边缘计算是信息技术和通信网络融合的产物。

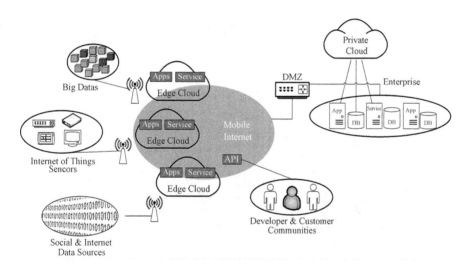

图 1-1　IT 和通信网络的融合

如图 1-2 所示[3]，移动边缘计算架构包括 3 个部分，分别是边缘设备（如智能手机、物联网设备、智能车等）、边缘云和远端云（或大规模云计算中心、大云）。其中，边缘设备可以连接到网络；边缘云是部署在移动基站上的小规模云计算中心，负责网络流量控制（转发和过滤）和管控各种移动边缘服务和应用，也可以将其看作是在互联网上托管的云基础设施；当边缘设备的处理能力不能满足自身需求时，可以通过无线网络将计算密集型任务和海量数据迁移至边缘云处理，而当边缘云不能满足边缘设备的请求时，可以将部分任务和数据迁移至远端云处理。

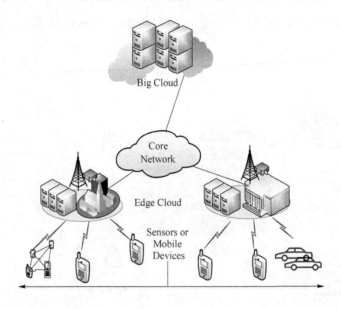

图 1-2　移动边缘计算架构

移动边缘计算的特征主要体现在以下几个方面[2]。

① 预置隔离性。移动边缘计算是本地的，这意味着它可以独立于网络的其他部分隔离运行，同时可以访问本地资源。这对于机器间相互通信的场景尤为重要，如处理安全性较高的系统。

② 临近性。由于靠近信息源（如移动终端或传感器等），移

动边缘计算特别适用于捕获和分析大数据中的关键信息。移动边缘计算可以直接访问设备，因此容易直接衍生特定商业应用。

③ 低时延性。由于边缘服务在靠近终端设备的边缘服务器上运行，因此可以大大降低时延。这使得服务响应更迅速，同时改善了用户体验，大大减少了网络其他部分的拥塞。

④ 位置感知性。当网络边缘是无线网络的一部分时，不管是 Wi-Fi 还是蜂窝网络，本地服务都可以利用低等级的信令信息确定每个连接设备的位置，这将催生一整套业务用例，包括基于位置服务等。

⑤ 网络上下文感知性。应用和服务都可以使用实时网络数据（如无线网络环境、网络统计特征等）提供上下文相关的服务，区分和统计移动宽带用户使用量，计算出用户对应的消费情况，进而货币化。因此，可以基于实时网络数据开发新型应用，以将移动用户和本地兴趣热点、企业和事件等连接。

另外，根据网络接入方式的不同，有不同的方法来实现移动边缘计算。对于室外场景，宏小区①提供商将安全计算和虚拟化能力直接嵌入无线接入网络元件。这种应用与无线设备集成允许运营商快速地提供新型网络功能，加速 OTT（Over The Top）服务，以及实现各种新型高价值服务，而这种服务通常在移动网络的关键位置执行。在室外场景下，移动边缘计算的优势具体体现在：①通过降低时延、提高服务质量和提供定制服务来提高移

---

① 由宏基站覆盖的小区。

动用户的体验；②利用更智能和优化的网络来提高基础设施的效率；③启用垂直服务，特别是与机器到机器、大数据管理、数据分析、智慧城市等相关的垂直服务；④与无线设备紧密集成，使其易于了解流量特征和需求、处理无线网络、获取终端设备位置信息等。对于室内场景，如 Wi-Fi 和 4G/5G 接入点，移动边缘计算采用强大的内部网关形式，提供专用于本地的智能服务。通过轻量级虚拟化，这些网关运行应用并安装在特定位置来提供多种服务。①机器对机器（Machine to Machine，M2M）场景：连接到多种传感器，移动边缘计算服务可以处理多种监视活动（如空调、电梯、温度、湿度、接入控制等）。②零售解决方案：具有定位和与移动设备通信的能力，可以向消费者和商场提供更有价值的信息。例如，基于位置传送相关内容，增强现实体验，改善购物体验或者处理安全的在线支付等。③体育场、机场、车站和剧院：特定服务可以用来管理人员聚集的区域，特别是处理安全、人群疏散或者向公众提供新型服务。例如，体育场可以向公众提供实况内容，机场可以利用增强现实服务来引导旅客进入他们的值机口，等等。所有这些应用都将利用本地数据和环境去设置，以适合用户需求。④大数据分析：在网络关键点收集的信息可以作为大数据分析的一部分，以更好地为用户提供服务[4]。

电信运营商普遍认为，移动边缘计算将有望创造、培育出一个全新的价值链及一个充满活力的生态系统，从而为移动网络运营商、应用及内容提供商等提供新的商业机遇。基于创新的商业价值，移动边缘计算价值链将使得其中各环节的从业主体更为紧密地相互协作，更深入地挖掘移动宽带的盈利潜力。在部署了移动边缘计算技术之后，移动网络运营商可以向其第三方合作伙伴开放无线接入网络的边缘部分，以方便其面向普通大众用户、企业用户以及各个垂直行业提供各种新型应用及业务服务，而且移动网络运营商还可采取其内置的创新式分析工具实时监测业务使用状况及服务质量。对于应用开发者及内容提供商而言，部署了移动边缘计算技术的无线接入网络边缘为其提供了这样一种优秀的业务环境：低时延，高带宽，可直接接入实时无线及网络信息（便于提供情境相关服务）[5]。

总之，移动边缘计算技术使得电信运营商通过高效的网络运营及业务运营（基于网络与用户数据的实时把握），避免被互联网服务提供商管道化和边缘化。

1.2　相似解决方案

移动互联网和物联网应用需求的发展催生了多个相似解决方案，如移动边缘计算[2]、移动云计算（Mobile Cloud Computing，MCC）[6]、雾计算（Fog Computing，FC）[7,8]、Cloudlet（微云）[9]、Follow Me Cloud[10]等。在上述解决方案中，移动边缘计算更受学术界和产业界的青睐，其已经被视为蜂窝基站现代进化的关键推动者，这使得边缘服务器和蜂窝基站能够协同工作。边缘服务器既可以单独运行，也可以与远端云数据中心协同运行。

为了更好地理解移动边缘计算，下面简要介绍几个相似解决方案，如图 1-3 所示。

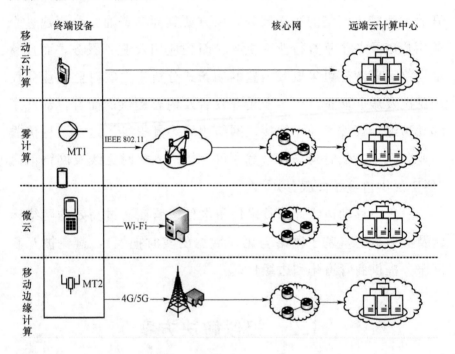

图 1-3　边缘计算范式示意图

1. 移动云计算[6]

移动云计算是指通过移动网络以按需、易扩展的方式获得所需的基础设施、平台、软件（或应用）等的一种信息技术资源或（信息）服务的交付与使用模式。移动终端设备与传统的桌面计算机相比，用户更倾向于在移动终端上运行应用程序。然而，大多数移动终端受到电池寿命、存储空间和计算资源的限制。因此，在某些场合，需要将计算密集型的应用程序迁移至移动终端外（即云计算中心）执行，而非在本地（移动终端本身）执行。对应于这种需求，云计算中心需要提供必要的计算资源执行被迁移的应用程序，同时将执行结果返回给移动终端。总而言之，移动云计算结合了云计算、移动计算和无线通信的优势，提高了用户的体验，并为网络运营商和云服务提供商提供了新的商业机会。

2. 雾计算[7]

雾计算被视为云计算模型从核心网到边缘网络的一个扩展，它是高度虚拟化的，位于终端设备和传统的云服务器之间，为用户提供计算、存储和网络服务。在雾计算中，大量异构的（如无线连接，且有时候是自治的）、物理上广泛分布的、去中心化的设备可以相互通信并能够相互协作，在网络的辅助下，无须第三方参与即可处理、存储和计算任务。这些任务可以支持基本的网络功能和新型应用或服务，而且它们可以运行于沙箱中。不仅如此，参与者会因参与任务得到一定形式的激励。雾计算的网络组件如路由器、网关、机顶盒、代理服务器等，可以安装在距离物联网终端设备和传感器较近的地方。这些组件可以提供不同的计算、存储、网络功能，支持服务应用的执行。雾计算依靠这些组件，可以创建分布于不同地方的云服务。雾计算能够考虑服务延时、功耗、网络流量、资本和运营开支、内容发布等因素，促进了位置感知、移动性支持、实时交互、可扩展性和可互操作性。相对于单纯使用云计算而言，雾计算能更好地满足物联网的应用需求。

3. 微云[9]

Cloudlet 是一个小型的云数据中心，位于网络边缘，能够支持用户的移动性，其主要目的在于通过为移动设备提供强大的计算资源和较低的通信时延来支持计算密集型和交互性较强的移动应用。它具有三层架构，分别是移动设备、Cloudlet 服务器和云计算中心。一个 Cloudlet 服务器可以被视为一个在沙箱中运行的计算中心，它相当于把云服务器搬到距离用户很近的地方（通常只有一跳的网络距离）。由于智能移动设备的不断增多，越来越多的复杂应用在移动设备上运行，然而，大多数的智能移动设备受到能量、存储和计算资源的限制，不能灵活运行这些应用。Cloudlet 可以提供必要的计算资源，支撑这些靠近终端用户的移动应用程序在远程执行，为移动用户提高服务质量。

4. 移动边缘计算

移动边缘计算主要是让边缘服务器和蜂窝基站相结合，可以和远程云数据中心连接或者断开。移动边缘计算配合移动终端设备，支持网络中 2 级或 3 级分层应用部署。移动边缘计算旨在为用户带来自适应和更快初始化的蜂窝网络服务，提高网络效率。移动边缘计算是 5G 通信的一项关键技术。移动边缘计算旨在灵活地访问无线电网络信息，进行内容发布和应用部署。

尽管上述解决方案名称各异，原理也不尽相同，但是它们的核心思想具有一定的相似性，具体见表 1-1。

表 1-1　MEC 相似解决方案对比

对比　　　　方案	雾计算	微　云	移动边缘计算
背景	思科公司	卡内基梅隆大学	欧洲电信标准化协会
是否使用虚拟 IaaS	是	是	是
是否允许边缘应用多重占用	是	是	是
是否在云计算中心和终端设备之间	是	是	是
是否需要云计算中心的扩展	是	通常是	可以是，也可不需要
是否需要业务需求驱动	是	较少	较少，提升体验质量
是否需要无线接入	是	不一定	是
功能大小	最大	小	最小
使用灵活性	差	最差	最好

1.3　移动边缘计算与 5G

为了更好地适应未来大量移动数据的爆炸式增长，并加快新服务、新应用的研发，第五代移动通信（5G）网络应运而生。5G 作为满足今后移动通信需求的新一代移动通信网络，已经成为国内外移动通信领域的研究热点。2013 年年初欧盟在第 7 框架计划启动了面向 5G 研发的 METIS（Mobile and Wireless Communications Enablers for the 2020 Information Society）项目[11]，此项目由华为等 29 个参与方共同承担，在韩国和中国分别成立了 5G 技术论坛和 IMT-2020（5G）推进组，IMT-2020 定义的 5G 网络逻辑架构如图 1-4 所示[12]。

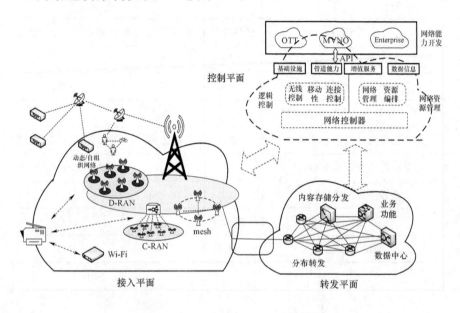

图 1-4　IMT-2020 定义的 5G 网络逻辑架构

目前，在高速发展的移动互联网和不断增长的物联网业务需求的共同推动下，要求 5G 具备低成本、低能耗、安全可靠的特点，同时传输速率应当提升 10～100 倍，峰值传输速率达到 10 Gbit/s，端到端时延达到毫秒级，连接设备密度增加 10～100 倍，流量密度提升 1 000 倍，频谱效率提升 5～10 倍，能够在

500 km/h 的速度下保证用户体验[13-15]。5G 将使信息通信突破时空限制，给用户带来更好的交互体验：大大缩短人与物之间的距离，并快速地实现人与万物的互通互联。5G 移动通信将与其他无线移动通信技术密切结合，构成无处不在的新一代移动信息网络，5G 呈现出如下的新特点[16]。

① 室内移动通信业务已占据应用的主导地位，5G 室内无线覆盖性能及业务支撑能力将作为系统优先设计目标。

② 与传统的移动通信系统理念不同，5G 研究将更广泛的多点、多用户、多天线、多小区协作方式组网作为突破的重点，从而在体系构架上寻求系统性能大幅度的提高。

③ 5G 研究将更加注重用户体验，网络平均吞吐速率、传输时延以及对虚拟现实、3D 等新兴移动业务的支撑能力都将成为衡量 5G 系统性能的关键指标。

为了满足高带宽、低时延等业务需求，作为 5G 关键技术之一的移动边缘计算已经受到学术界和产业界的广泛关注，移动边缘计算在 5G 网络架构中的位置如图 1-5 所示[17]。移动边缘计算为网络边缘入口的服务创新提供了很大的可能性[18]，4G/5G 时代各式各样的应用对网络的要求越来越高，而移动边缘计算可以提供一个强大的平台，为这些应用提供有力支撑。

我们可以从以下几个不同的角度，包括业务和用户感知、跨层优化、网络能力开放、C/U 分离、网络切片等 5G 趋势技术，来分析移动边缘计算对 5G 发展的促进作用[19]。

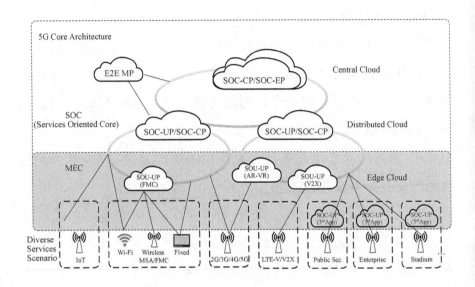

图 1-5　移动边缘计算在 5G 网络架构中的位置

　　① 移动边缘计算与核心网业务和用户感知共同推动 5G 管道智能化。传统的运营商网络是"哑管道"，资费和商业模式单一，对业务和用户的管控能力不足。面对该挑战，5G 网络智能化发展趋势的重要特征之一就是内容感知，通过对网络流量的内容进行分析，可以增加网络的业务黏性、用户黏性和数据黏性。业务和用户感知也是移动边缘计算的关键技术之一，通过在移动边缘对业务和用户进行识别，可以优化利用本地网络资源，提高网络服务质量，并且可以为用户提供差异化的服务，带来更好的用户体验。与核心网的内容感知相比，移动边缘计算的无线侧感知更加分布化和本地化，服务更靠近用户，时延更低，同时业务和用户感知更有本地针对性。但是，与核心网设备相比，移动边缘计

算服务器的能力更受限。移动边缘计算对业务和用户的感知，将促进运营商由传统的哑管道向 5G 智能化管道发展。

② 移动边缘计算有效推动跨层优化。跨层优化是提升网络性能和优化资源利用率的重要手段，在现有网络以及 5G 网络中都能起到重要作用。移动边缘计算由于可以获取高层信息，同时由于靠近无线侧而容易获取无线物理层信息，十分适合做跨层优化。目前移动边缘计算跨层优化的研究主要包括视频优化、TCP 优化等。移动网络中视频数据的带宽占比越来越高，这一趋势在未来 5G 网络中将更加明显。当前对视频数据流的处理是将其当作一般网络数据流进行处理，有可能造成视频播放出现过多的卡顿和延迟。而通过靠近无线侧的移动边缘计算服务器估计无线信道带宽，选择适合的分辨率和视频质量来做吞吐率引导，可大大提高视频播放的用户体验。另一类重要的跨层优化是 TCP 优化。TCP 类型的数据目前占据网络流量的 $95\% \sim 97\%$。但是，目前常用的 TCP 拥塞控制策略并不适用于无线网络中快速变化的无线信道，容易造成丢包或链路资源浪费，难以准确跟踪无线信道状况的变化。通过 MEC 提供无线低层信息，可帮助 TCP 降低拥塞率，提高链路资源利用率。其他的跨层优化还包括对用户请求的 RAN 调度优化（如允许用户临时快速申请更多的无线资源），以及对应用加速的 RAN 调度优化（如允许速率遇到瓶颈的应用程序申请更多的无线资源）等。

③ 移动边缘计算有力地支撑了 5G 网络能力开放。网络能力

开放旨在实现面向第三方的网络友好化，充分利用网络能力，互惠合作，是 5G 智能化网络的重要特征之一。除了 4G 网络定义的网络内部信息、服务质量控制、网络监控能力、网络基础服务能力等方面的对外开放外，5G 网络能力开放将具有更加丰富的内涵，网络虚拟化、软件定义网络技术以及大数据分析能力的引入，也为 5G 网络提供了更为丰富的可以开放的网络能力。由于当前厂商设备各异，缺乏统一的开放平台，导致网络能力开放需要对不同厂商的设备分别开发，加大了开发工作量。欧洲电信标准化协会对移动边缘计算的标准化工作中很重要的一块就是网络能力开放接口的标准化，包括对设备的南向接口和对应用的北向接口。移动边缘计算将对 5G 网络的能力开放起到重要支撑作用，成为能力开放平台的重要组成部分，从而促进能力可开放的 5G 网络的发展。

④ C/U 分离技术有利于推动移动边缘计算的实现。移动边缘计算由于将服务下移，流量在移动边缘就进行本地化卸载，计费功能不易实现，也存在安全问题。而 C/U 分离技术通过控制面和用户面的分离，用户面网关可独立下沉至移动边缘，自然就能解决移动边缘计算计费和安全问题。所以，作为 5G 趋势技术之一的 C/U 分离同时也是移动边缘计算的关键技术，可为移动边缘计算计费和安全提供解决方案。移动边缘计算相关应用需求的按流量计费功能和安全性保障需求，将促使 5G 网络的 C/U 分离技术的发展。

⑤ 移动边缘计算有利于驱使 5G 网络的切片发展。网络切片作为 5G 网络的关键技术之一，目的是区分出不同业务类型的流量，在物理网络基础设施上建立起更适应于各类型业务的端到端逻辑子网络。移动边缘计算的业务感知与网络切片的流量区分在一定程度上具有相似性，但在流量区分的目的、区分精细度、区分方式上都有所区别。移动边缘计算与网络切片的联系还在于，移动边缘计算可以支持对时延要求最为苛刻的业务类型，从而成为超低时延切片中的关键技术。移动边缘计算对超低时延切片的支持，丰富了实现网络切片技术的内涵，有助于驱使 5G 网络切片技术加大研究力度、加快发展。

在未来，5G 系统还将具备足够的灵活性，具有网络自感知、自调整等智能化能力，以应对信息社会的快速变化，而这更需要移动边缘计算技术相关研究的支持。

1.4 研究问题划分

移动边缘计算的研究问题可以分为 7 个方面，如图 1-6 所示[3]，包括特征（Characteristics）、参与者（Actors）、接入技术（Access Technologies）、应用（Applications）、目标（Objectives）、计算平台（Computational Platforms），以及关键使能（Key Enablers）技术。

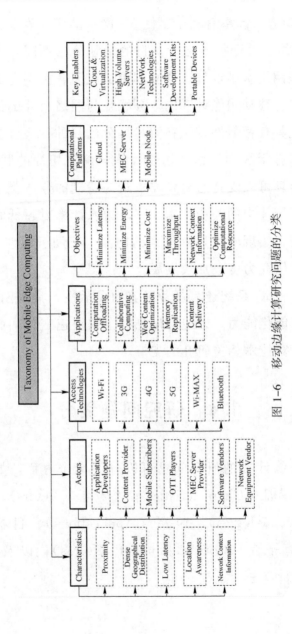

图 1-6 移动边缘计算研究问题的分类

1. 特征

移动边缘计算有如下几个属性特征（可参考 1.1 节的内容）。

① 紧邻性：在移动边缘计算中，移动设备通过无线接入网等接入边缘网络。移动设备也可以通过机器对机器通信连接到附近的设备，同时移动设备还可以连接到位于移动基站的边缘服务器。由于边缘服务器紧邻移动设备，它可以提取设备信息，分析用户行为模式，进而提高服务质量。

② 部署密集性：移动边缘计算在网络边缘提供信息技术和云计算服务，在地理上是广泛分布的。密集的地理上分散的基础设施对移动边缘计算有多方面的好处。服务可以基于用户移动性提供，而无须跨越整个广域网。

③ 低时延性：移动边缘计算的一个目标是减少访问核心云的时延。在移动边缘计算中，应用程序托管在位于边缘网络的移动边缘服务器或云计算中心。与核心网相比，边缘网络的可用带宽高，可以减少网络的平均时延。

④ 位置感知性：当移动设备靠近边缘网络时，基站可以采集用户移动模式，同时预测未来的网络状况。应用开发者可以利用用户位置给用户提供上下文感知服务。

⑤ 网络上下文感知性：实时的无线接入网信息（如订阅者位置、无线网络状况、网络负载等）可以用来为用户提供与上下文相关的服务。无线接入网信息可以被应用开发者和内容提供商用来提供服务，从而提高用户满意度和体验质量。

2. 参与者

移动边缘计算环境由许多具有不同角色的个人和组织组成，这有助于建立一个在无线接入网范围内提供上下文感知、低时延、按需云服务的平台。移动边缘计算的总体目标是为所有参与者带来可持续发展的商业模式，并使全球市场增长。一些参与者是应用开发商、内容提供商、移动用户、移动边缘服务提供商、软件供应商和 OTT 玩家。

3. 接入技术

在移动边缘计算环境中，移动设备通过蜂窝网络（GPRS / CDMA / 3G / 4G /5G/ Wi-MAX）或 Wi-Fi 接入点等无线通信与其他设备或边缘网络进行通信。由于网络部署密集，用户可以通过切换任何可用的接入网络连接到边缘网络。

4. 应用

移动边缘计算拥有提供一系列应用的巨大潜力。移动边缘计算最近的应用可以被分为计算卸载、协同计算、物联网中的内存复制和内容分发。这些应用程序在边缘网络执行计算，从而利用高带宽改善网络时延。上述应用程序利用网络上下文信息在用户处于移动状态时也可以提供不同的服务，进而提升用户满意度。

① 计算卸载：许多移动应用程序是计算密集型的，如人脸识别、语音处理、移动游戏等。但是，在资源受限的设备上运行计算密集型应用程序要消耗大量的资源和电量。不是在移动主机

上运行，而是部分计算被迁移至云数据中心，并在成功执行任务后返回结果。由于边缘设备和核心云之间的通信需要长时间的时延，在移动边缘计算中资源有限的服务器被部署在网络边缘。因此，计算密集型任务被迁移。

② 协同计算：协同计算使许多个人和组织在分布式系统中相互协作。在当前场景中，协同计算的应用范围涵盖从简单的传感设备到远程机器人手术。在这种类型的应用中，设备的位置和通信时延在通信过程中至关重要。在移动边缘计算环境中，增强实时协同应用在边缘网络提供了一个强大的实时上下文感知协作系统。

③ 内存复制：最近几年，LTE 正在成为设备间的主要连接技术。物联网设备的计算和存储能力较差，这些设备从周围收集数据，并将其作为内存对象迁移至可扩展的云基础设施，以做进一步的计算。物联网设备的数量不断增长和高时延复制内存对象造成了网络瓶颈。移动边缘计算中的边缘网络为每个设备承载多个克隆云，把计算能力带到物联网设备附近，这样减少了网络时延。

④ 内容分发：内容分发技术可以优化 Web 服务器上的 Web 内容，从而提供高可用性、高性能的服务和降低网络时延。传统的 Web 内容分发技术在优化完成后不能适应用户请求。移动边缘计算可以基于网络状态和可用的网络负载动态优化 Web 内容。由于接近设备，边缘服务器可以利用用户移动性和服务体验来呈

现内容优化。

5. 目标

目标属性定义了移动边缘计算的主要目标。移动边缘计算的各个组成部分,如移动节点或网络运营商,都有不同的目标。移动节点试图借助移动边缘计算基础设施的计算和存储能力来最小化移动设备的通信时延和能耗。网络提供商的目标是最小化基础设施的成本,并实现高吞吐量。

6. 计算平台

计算平台属性表示移动边缘计算平台中的不同计算主机。在对等计算中,任务被迁移至邻近移动设备。任务可以被迁移至部署在边缘网络的边缘云。在移动边缘计算中,移动边缘服务器部署在每个基站。

7. 关键使能技术

移动边缘计算技术的实现需要各种关键使能技术的支持。关键使能技术属性表示有助于在无线接入网内给移动用户提供上下文感知、低时延、高带宽服务的不同技术。

① 云与虚拟化:虚拟化允许在同一个物理硬件上创建不同的逻辑基础设施。位于网络边缘的云计算平台利用虚拟化技术创建不同的虚拟机,用于提供不同的云计算服务,如软件即服务、平台即服务和基础设施即服务。

② 大容量服务器:传统的大容量服务器或移动边缘服务器

部署在边缘网络的每个移动基站。移动边缘服务器执行传统的网络流量转发和过滤，并且负责执行被边缘设备迁移的任务。

③ 网络技术：多个小蜂窝被部署在移动边缘计算环境中。Wi-Fi 和蜂窝网络是用于连接移动设备和边缘服务器的主要网络技术。

④ 移动设备：位于边缘网络的便携式设备计算低强度的任务和与硬件相关（不能被迁移至边缘网络）的任务。便携式设备也在边缘网络内通过机器与机器间的通信执行对等计算。

⑤ 软件开发工具包：拥有标准化应用程序接口的软件开发包有助于适应现有的服务，并促进新的弹性边缘应用的开发。这些标准的应用程序接口易于集成到应用程序开发过程中。

本章参考文献

[1] Godwin-Jones R. Emerging technologies mobile-computing trends: lighter, faster, smarter[J]. Language Learning & Technology, 2008,12(3):3-9.

[2] Hu Y Z, Patel M, Sabella D, et al. Mobile edge computing—A key technology towards 5G[EB/OL]. [2017-03-18]. http://www.etsi.org/images/files/ETSIWhitePapers/etsi_wp11_mec_a_key_technology_towards_5g.pdf.

[3] Ahmed A, Ahmed E. A survey on mobile edge computing[C]// IEEE Proceedings of 10th International Conference on Intelligent

Systems and Control. Washington,DC,USA:IEEE, 2016: 1-8.

[4] 于建科.计算机行业新三板三年系列之二:边缘计算正走向舞台中央[EB/OL]. (2017-01-12)[2017-03-25]. http://www. 345czb. com/info/13358. html.

[5] 李远东. ETSI 对 MEC 术语的标准化[EB/OL]. (2016-07-22) [2017-03-25]. http://www. istis. sh. cn/list/list. aspx? id=10104.

[6] Dinh H T, Lee C, Niyato D, et al. A survey of mobile cloud computing: architecture, applications, and approaches[J]. Wireless Communications and Mobile Computing, 2013, 13(18):1587-1611.

[7] Dastjerdi A V, Gupta H, Calheiros R N, et al. Fog computing: principles, architectures, and applications[C]//Internet of Things:Principles and Paradigms. [S. n. :s. l.],2016:61-75.

[8] Vaquero L M, Rodero-Merino L. Finding your way in the fog: towards a comprehensive definition of fog computing[J]. ACM Sigcomm Computer Communication Review, 2014, 44(5):27-32.

[9] Satyanarayanan M, Chen Z, Ha K, et al. Cloudlets: at the leading edge of mobile-cloud convergence[C]// Proceedings of 6th International Conference on Mobile Computing, Applications and Services. Washington:IEEE, 2014:1-9.

[10] Taleb T, Ksentini A, Frangoudis P. Follow-me cloud: when cloud services follow mobile users[J]. IEEE Transactions on Cloud Computing, 2017, PP(99):1-1.

[11] METIS. Mobile and wireless communications enablers for the 2020 information society. In: EU 7th Framework Programme Project

[EB/OL]. (2015-06-17) [2017-03-12]. https://www.metis2020.com.

[12] 王胡成，徐晖，程志密，等. 5G 网络技术研究现状和发展趋势[J]. 电信科学，2015，31（9）:156-162.

[13] 王志勤，罗振东，魏克军. 5G 业务需求分析及技术标准进程[J]. 中兴通讯技术，2014，20(2):24-25.

[14] IMT-2020(5G)PG. 5G concept[EB/OL]. [2017-04-25]. http://www.imt-2020.cn/zh/documents/download/3.

[15] Andrews J G，Buzzi S，Choi W，et al. What will 5G be?[J]. IEEE Journal on Selected Areas in Communications，2014，32（6）:1065-1082.

[16] IMT-2020(5G)PG. 5G Vision and requirements[EB/OL]. [2017-04-25]. http://www.imt-2020.cn/zh/documents/download/11.

[17] 尹东明. MEC 构建面向 5G 网络构架的边缘云[J]. 电信网技术，2016(11):43-46.

[18] 魏慧. 英特尔:移动边缘计算是 5G 重要支柱[J]. 通信世界，2016(17):25-25.

[19] 戴晶，陈丹，范斌. 移动边缘计算促进 5G 发展的分析[J]. 邮电设计技术，2016(7):4-8.

第2章 关键技术

2014年，自欧洲电信标准协会开始推进移动边缘计算相关标准化工作以来，美国联邦政府把移动边缘计算列入2016年美国国家科学基金会的项目申请指南。2016年10月，在美国华盛顿特区举办了第一届关于移动边缘计算的学术会议，2017年5月在西班牙马德里举办了第一届雾与边缘计算学术会议，2017年6月在美国夏威夷举办了第一届边缘计算学术会议。其他知名国际会议和学术期刊也将移动边缘计算作为热点议题。目前，通过对迄今为止的移动边缘计算相关学术论文进行统计分析，发现学术界对移动边缘计算的研究主要集中在4个方面：①边缘云放置技术，即边缘云应该放置在哪些位置；②计算卸载技术，即移动终端决策是否进行计算卸载；③服务迁移技术，即如何实现服务在多个边缘云间的无缝迁移；④群智协同技术，即通过群体协作完成个体难以完成的任务。

2.1 边缘云放置技术

移动边缘计算的主要目的是将云计算能力迁移到网络边缘，

以减少核心网拥塞和传播延迟造成的时延。然而，边缘云应该放置到哪些位置并没有明确的定义，因此，产生了边缘云的放置问题。边缘云放置即根据一定的策略为边缘云选择合适的物理位置，在满足用户资源需求和约束限制的前提下，达到提高资源利用率、减少网络时延等目的。边缘云放置如图 2-1 所示。

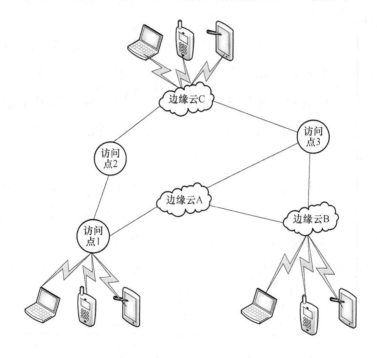

图 2-1　边缘云放置示意图

其中，移动终端可以通过访问点 1 间接访问边缘云 A，或者通过无线网络直接访问边缘云 B 或边缘云 C，边缘云的放置策略（如放置位置、放置数量等）会对边缘云的响应时间和资源利用率产生重要影响。

边缘云适合在无线城域网中放置：一方面，无线城域网覆盖的城市区域人口密度大，边缘云可以被大量用户访问，此时，大量边缘云将不会处于闲置状态，因此可以提高边缘云的成本效用；另一方面，由于无线城域网的网络规模比较大，因此边缘云服务提供商可以充分利用规模经济，使边缘云服务能够更多地惠及普通大众。

然而，在无线城域网中放置边缘云存在以下挑战。①边缘云的放置位置会对移动用户的访问时延产生重要影响。在由成千上万的接入点组成的大规模无线城域网中，用户可能需要经过多跳才可以访问到距离最近的边缘云。无线城域网通常需要处理大量数据流量，因此，可能降低服务质量，增加网络时延。用户和边缘云的距离比较长会严重影响用户应用的性能，尤其是那些具有高数据通信处理比率的应用，如在线移动游戏等。因此，用户通常应该通过本地接入点访问边缘云。②边缘云的放置位置会对边缘云的资源利用率产生重大影响。边缘云的不适当放置可能造成边缘云负载的严重不平衡，一些边缘云负载过重，另一些边缘云负载不足，甚至处于闲置状态。因此，需要选择适当的边缘云放置策略，从而提高各种移动应用的性能，如降低边缘云的平均访问时延。因此，工业界和学术界在边缘云放置方面展开了广泛研究。

2.1.1　国外研究进展

澳大利亚国立大学的 Xu 等人[1]研究了在大规模无线城域网

中有容量限制的边缘云放置问题，如图 2-2 所示[1]。其中，边缘云 A、B 和 C 是在无线城域网环境中部署的 3 个边缘云，移动用户可以直接访问这 3 个边缘云，也可以通过访问点间接访问这 3 个边缘云。Xu 等人在设计有容量限制的边缘云放置策略时考虑将边缘云放置到一些关键接入点，考虑如何将移动用户请求分配给边缘云，以最小化移动用户和为用户提供服务的边缘云之间的平均访问时延。笔者提出两种求解策略：当问题规模比较小时，使用整型规划方法求解，此时可以得到精确解；当问题规模比较大时，由于整数规划方法的可扩展性比较差，使用贪婪算法求解，此时可以得到近似解。首先，证明该问题是 NP 难题，把该问题转化为整数线性规划问题，当问题规模比较小时，使用整数线性规划方法求解可以得到精确解。由于整数线性规划方法的可扩展性较差，于是，笔

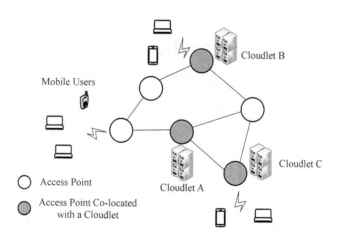

图 2-2　大规模无线城域网中放置 3 个边缘云示意图

者设计出一种快速、可扩展的启发式方法。此外，当所有边缘云具有相同计算能力时，根据所有用户请求是否具有相同的资源需求，设计了两个能够保证近似比的近似算法。在已经放置了 K 个边缘云的前提下，可以向边缘云动态分配用户请求。

澳大利亚国立大学的 Jia 等人研究了在大规模无线城域网中放置有限数量的边缘云和给边缘云分配用户的问题，以最小化迁移任务的平均等待时间，如图 2-3 所示[2]。首先，利用排队论设计了一个新的多用户多边缘云系统模型；然后，提出了 K 个边缘云的放置和给边缘云分配用户的算法，该算法可以实际应用到有着动态和持续移动用户的无线城域网中。Jia 等人提出两种边缘云放置算法：负载最重的接入点优先放置算法和基于密度的边缘云放置算法。负载最重的接入点优先放置算法即对整个网络的接入点按照用户的累积任务到达速率排序，在前 K 个任务量最大的接入点放置边缘云。负载最重的接入点优先放置算法有两个主要的缺点。第一，最大负载的接入点不一定是距离用户最近的那几个边缘云。此外，即使没有用户连接到某个接入点，但是无线城域网中的大部分用户在该接入点一跳范围内，因此，应当在该节点放置一个边缘云。因此，应当在无线城域网用户密集区域放置边缘云，而不是在具有最大用户工作负载的接入点放置边缘云。第二，将用户分配到距离最近的边缘云，可能导致边缘云用户分布不均匀，这可能会导致某些边缘云的工作负载超载，而其他边缘云资源不能被充分利用。因此，边缘云之间的工作负载平衡是给边缘云分配用户时需要重点考虑的问题。此外，为了克服负载最重的接入点优先放置算法的缺点，Jia 等人还提出基于密度的边缘云放置算法。首先，将无线城域网的用户密集区域作为放置边缘云的目标位置。这意味着边缘云可以放置在大量用户附近，从而降低用户和边缘云之间的平均网络时延。其次，可以平衡边缘云之间的用户工作负载，从而大大减少边缘云任务的平均排队时间。

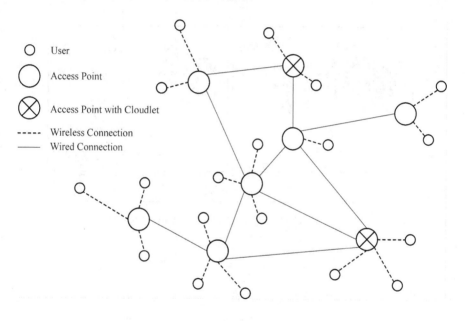

图 2-3　大规模无线城域网中放置边缘云示意图

2.1.2　国内研究进展

南京大学的 Xiang 等人[3]研究了自适应的边缘云放置问题，

如图 2-4 所示[3]。其中，大量随机分布的移动设备可以通过访问点访问位置 A 的边缘云，如图 2-4(a)所示。然而，随着用户的频繁移动，由于边缘云的覆盖范围有限，位置 A 的边缘云覆盖区域的移动设备数量变少，导致边缘云的资源被大量浪费，大多数用户享受不到边缘云带来的好处。相反，如果边缘云可以移动到位置 B，如图 2-4(b)所示，则将大大提高边缘云的资源利用率。

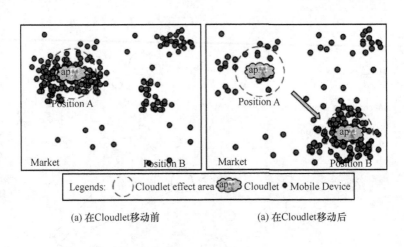

(a) 在Cloudlet移动前   (a) 在Cloudlet移动后

图 2-4 自适应边缘云放置示意图

针对这种情况，南京大学的 Xiang 等人[3]提出了基于移动应用地理位置信息大数据的自适应移动边缘云放置方法：①基于 K 均值聚类算法识别移动设备区域的中心位置，同时按照访问路径图调整这些位置；②依据边缘云放置规则过滤掉不适当的位置，根据中心位置之间的距离确定边缘云潜在的放置位置；③按照区域结构生成边缘云的移动轨迹并自适应地放置边缘云。该方法的核心是在整个设备活动区域内，最大化边缘云覆盖的移动设备数量。

2.2　计算卸载技术

根据思科在 2017 年 3 月 28 日更新发布的《全球移动数据流量预测：2016—2021》[4] 预测，到 2021 年，全球连接到网络的无线设备数量将达到 1 100 亿台，移动数据流量也将从 2015 年的每月 4.4 亿字节，增长到 2021 年每月 49 亿字节，到 2021 年，5G连接将比 4G 连接多产生 4.7 倍的流量。此外，根据"友盟＋"2015 年年底发布的中国移动互联网趋势报告，我国活跃移动设备数量已达 10.8 亿台，比 2014 年增长 20％。随着移动设备的快速发展，越来越多的移动应用开始尝试完成更加复杂的逻辑功能，诸如人工智能、增强现实、大型游戏等。然而，电池技术的停滞不前限制了移动设备的应用场景和能力，成为影响用户体验的重要因素[5]。针对这一问题，除了对电池技术本身的研究之外，软件技术层面的研究，如代码优化[6]、漏洞检测和消除[7]等，也尝试对移动设备能耗进行优化。但是，这些也仅仅在一定程度上缓解了移动终端设备的能耗问题[8]。

移动边缘计算为移动终端设备能耗问题提供了一个全新的解决方案，它通过云端与移动终端的融合，利用云中多种类多样性资源（如更快的 CPU、网络，更大的内存等）来扩展移动设备的能力[9-11]。2011 年 10 月，苹果公司发布的个人语音助手 Siri 通过本地设备对语音内容加以识别分析，然后连接云端服务分析指令内容。与 Siri 同时发布的另一款苹果公司的产品 iCloud，通过将设备中的文件存储到云端以突破移动设备物理存储的限制。截至 2016 年 2 月，iCloud 累计用户数量已达 7.82 亿。这两种通过云资源扩展移动设备能力的方案是目前产业界实现移动应用和云资源结合的主要手段[11]。作为移动边缘计算关键技术之一的计算卸载（Computation Offloading）[12]技术为移动设备利用云资源提供了新的思路。在计算卸载中，移动设备通过把移动应用中的工作负载卸载到云端，利用云端收集、存储和处理数据，从而减少移动设备的程序执行时间并降低其能耗。在传统的集中式计算模式中，整个应用程序在移动终端执行。而在分布式计算模式中，移动终端可以通过计算卸载将应用程序迁移至云端执行，如图 2-5 所示[11]。需要进行计算卸载的应用程序一般具有严格的实时要求，通常需要非常低的计算和通信时延。运行应用程序的移动设备，如智能手机等，通常具有有限的带宽和有限的计算能力，因此，需要利用云资源扩展移动设备的能力，进而运行计算密集型或交互密集型的移动应用，如 3D 赛车（3D Car Racing）、浮点性能测试（Linpack）、国际象棋（Chess）、车联网（Internet of Vehicles）等。

计算卸载通过利用云端资源扩展了移动设备的能力，降低了移动设备的能耗，提高了用户体验。基于这一思路，学术界提出了一些计算卸载模型，下面将对其进行详细描述。

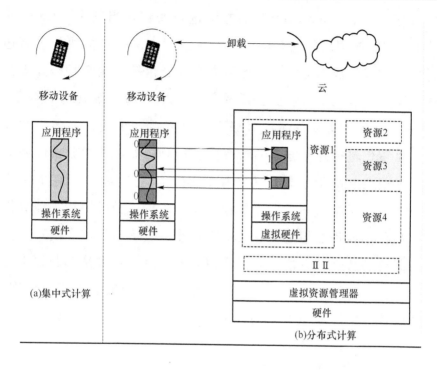

图 2-5　计算卸载架构原型

2.2.1　国外研究进展

杜克大学的 Eduardo 等人[13]在 2010 年提出的 MAUI 是最早的计算卸载实现模型。MAUI 在微软公司 .NET 公共语言运行时（.NET CLR）上实现代码和计算的运行时卸载，支持在应用运行时细粒度地决定将哪些代码卸载至云端执行。MAUI 设计了一个简单的开发框架，开发人员在该框架下将那些可以卸载到云端运行的方法标注为 "Remoteable"。在应用运行时，通过自省技术对标注为"Remoteable"的方法进行辨识，当某个"Remoteable"方法被调用并且有可用的云资源时，MAUI 的决策引擎通过分析卸载的成本与收益、评估带宽和延迟等，决定是否要卸载该"Remoteable"方法到云端执行。MAUI 的系统架构如图 2-6 所示[13]，在移动设备端，MAUI 主要包括 3 个组件：客户端代理，负责传输待卸载方法的状态信息；分析器，负责分析卸载的成本和收益；决策引擎，为了降低能耗，它实际运行在 MAUI 服务器上。MAUI 服务器主要包括 4 个组件：服务端代理和分析器，与移动设备上相应的组件功能一致；决策引擎，定期对方法是否需要卸载进行决策；MAUI 控制器，用于对方法卸载请求进行身份验证和资源分配。Eduardo 等人[13]分别选取了面部识别、视频游戏和国际象棋 3 类应用通过 MAUI 平台进行计算卸载实

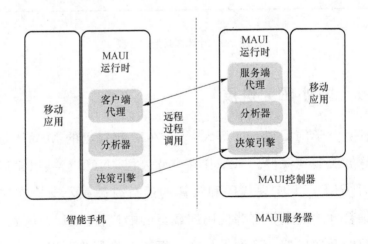

图 2-6　MAUI 的系统架构

验。实验结果表明，计算卸载除了可以显著地提升应用性能外，也能有效降低在移动设备端所消耗的电能，特别是将面部识别这种计算密集型核心算法卸载到云端执行，可以降低算法90％左右的能耗。

由于 MAUI 对代码可卸载性的判断依赖于开发人员手工进行，一方面，为开发人员带来了额外负担，另一方面，开发人员可能错误地将不可卸载的代码指定为可卸载[11]。为了解决这些问题，英特尔伯克利实验室的 Byung-Gon 等人提出 CloneCloud[14]计算卸载模型。CloneCloud 通过使用静态代码分析和动态环境分析相结合的方法，对应用代码进行划分，代码划分流程如图 2-7所示[11]。首先，静态分析器根据一系列限制条件进行静态代码分析，识别出可以卸载到云端运行的方法，这些限制条件有：①需要访问本地资源的代码必须留在本地执行；②共享本地状态的代码必须在同一设备上执行；③防止出现嵌套卸载。其次，动态分析器结合移动设备端和云端的网络环境等条件分析应用代码卸载的成本和收益，构造代码卸载的开销函数。最后，由最优化求解器给出一个执行时间最短或能耗最低的运行时应用划分方法，将应用的一部分留在移动设备端运行，将另一部分卸载到云端运行。系统执行流程：CloneCloud 先在云端为移动设备创建克隆的虚拟机实例，在应用运行过程中，如果遇到一个卸载节点，那么正在运行的线程会被暂时挂起，它的相关状态信息被发送到云端的克隆虚拟机中，由云端继续运行该线程。本地应用的其他线程不会受到影响，但如果它们试图访问卸载到云端的线程的相关状态信息，就会进入暂时挂起状态。当卸载到云端的线程执行完毕时，相关的状态信息被发送回本地，合并到本地被挂起的线程中去，本地被挂起的线程被唤醒并继续执行。CloneCloud 在病毒扫描、图像搜索和用户行为追踪 3 个应用上开展了实验。实验结果表明，在计算量大的情况下，CloneCloud 的卸载效果尤为显著，例如，在图像搜索的实验中，当输入达到 100 个图像时，搜索过程的能耗降低了 95%。

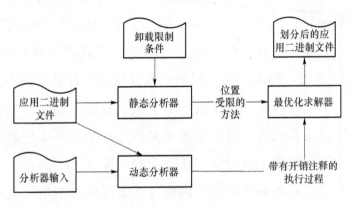

图 2-7　CloneCloud 代码划分流程

　　佐治亚理工学院的 Karim 等人[15]提出的 COSMOS 以风险控制方式进行卸载决策。在 COSMOS 中，移动设备的扩展资源来自传统的远端云，执行流程与以往的卸载方案类似。COSMOS 可以有效地分配卸载请求，以解决云资源争用问题；可以以风险控制的方式进行卸载决策，以解决由可变网络连接和程序执行所引起的不确定性问题。云资源通常以虚拟机实例的形式提供，为了使用虚拟机实例，用户需要在虚拟机上安装操作系统并启动它，这两者都会导致延迟。用户可以基于一个时间量租赁虚拟机实例，例如，亚马逊 EC2 用 1 小时的间隔尺寸进行租赁。如果用户使用虚拟机的时间小于 1 小时，则仍然按 1 小时支付使用费，这就导致了价格成本的浪费。一个云提供商通常会提供具有不同属性和价格的各种类型的虚拟机实例，表 2-1 列出了亚马逊 EC2 3 种类型的虚拟机实例[15]：标准小型、标准中型和高 CPU 中型。对于某些定价模式，租赁价格可能会随时间的变化而变化。

表 2-1   EC2 按需实例特点

实例类型	内 核	CPU/GHz	安装（秒）	价格/（美元·h^{-1}）
标准小型	1	1.7	26.5 (5.5)	0.06
标准中型	1	2.0	26.6 (3.7)	0.12
高 CPU 中型	2	2.5	26.7 (8.4)	0.145

在 COSMOS 实验中，Karim 等人[15]修改了 3 个安卓应用程序：在 Android SDK 中使用 API 的人脸检测、语音识别程序 PocketSphinx 和象棋引擎 Stockfish。他们设置了 4 种不同的网络连接场景：稳定 Wi-Fi、室内 Wi-Fi、户外 Wi-Fi 和户外 3G。通过将已修改的应用从智能手机卸载到亚马逊 EC2，权衡稳定性和加速比，Karim 等人[15]得出：使用计算卸载技术不但能够提升应用运行的性能，还能降低时延与能耗，同时在一定程度上节省了货币成本。

把计算卸载到远端云并不是一个一劳永逸的解决方案，因为距离移动设备端越远，网络时延就会越大。为此，卡内基梅隆大学的 Mahadev 等人[16]在 2009 年提出利用 Cloudlet 扩展移动设备的能力，Cloudlet 是在移动用户附近的、可信的、资源丰富的计算机集群。2012 年，根特大学的 Tim 等人[17]在增强现实用例中把 Cloudlet 当作云端实现计算卸载。

Cloudlet 是广泛分布的互联网基础设施，一个 Cloudlet 可以被视为一个云端。Cloudlet 能够实现自我管理，功率小，能够连接到 Internet，能够进行访问控制设置，与移动设备之间仅有一跳的距离。这种资源管理模式使 Cloudlet 可以很方便地被部署在诸如咖啡店、图书馆、商场、医院等场所。为了保证部署的安全性，可以通过第三方远程监控把 Cloudlet 封闭在一个防篡改或防拆封的机柜中。在利用 Cloudlet 时，移动设备充当瘦客户端，所有重要且复杂的计算都卸载到附近的 Cloudlet 中。如果移动设备附近没有可用的 Cloudlet，则移动设备可以使用传统的远端云或者仅使用移动设备本身的资源。简而言之，Cloudlet 是一个预先定义的接近移动设备的云，由一些静态站组成，通常安装在公共区域。据预测，Cloudlet 能够满足开发者和卸载基础架构的需求，提供具体的、有效的功能，实现更快的上市速度。

佐治亚理工学院的 Karim 等人[18]通过协调同域移动设备提供云服务。Karim 等人[18]提出的 FemtoClouds 提供了动态的、自配置的、多设备的自发性服务云。首先，在移动设备上安装并运行 FemtoClouds 客户端服务,通过结合用户的输入来估计移动设备的计算能力,以确定可用于共享的计算能力。客户端利用设备传感器、用户输入信息和历史信息来构建和维护用户配置文件。然后,客户端服务与控制器共享可用信息。最后,控制器负责估计用户存在的时间,并将参与的移动设备"构建"成云。Femto-Clouds 能够使用户在时间上形成稳定性和可预测性,有基于个人和社会关系的信任潜力,能够获得设备使用的补偿。Femto-Clouds 能够为咖啡店老板、公共交通提供商等提供商业利益。里昂大学的 Golchay[19] 提出了自发临近云 SPC:通过附近的一组移动设备以协作的方式执行任务卸载。移动设备之间通过中间件进行交互,对外,发出可提供的资源,如哪个时间段在什么地方可以提供什么样的资源等;对内,接收或拒绝其他临近设备发来的计算请求。这类计算卸载算法需要进一步考虑激励措施,通过对用户的行为进行激励,实现共利共赢。

2.2.2 国内研究进展

对代码进行自动划分并在运行时完成卸载的技术手段主要依赖于对运行环境中虚拟机的修改,从而支持计算进程的挂起、运行和恢复操作等。通过这种方式实现计算卸载有利也有弊,好处是卸载能力很强,缺点是限制了其适用场景,也因此降低了用户的接受度,此外,对虚拟机的修改还会进一步地导致各类安全性问题。

　　为了解决上述问题，北京大学的 Zhang 等人[20]提出基于应用自动化重构工具 DPartner 实现计算卸载的技术。安卓应用本质上是由许多类组成的 Java 程序，一项计算任务被实现为某个类中的某个方法，可以被本类或其他类中的方法调用，因此安卓应用计算任务卸载可以实现为包含该计算任务的某个类的远程部署和调用。该工作首先提出一种支持安卓应用计算任务按需远程执行的程序结构，它主要包含两个核心元素：NProxy 和 Endpoint，如图 2-8 所示[20]。它将调用者 X 和被调用者 N 之间的直接内存进行调用，以及将通过"远程通信服务"的远程调用都转换成了经由 NProxy 和 Endpoint 进行的间接调用。详细来说，NProxy 模块本身不执行任何实际的计算操作，只负责将方法调用转发到 N 模块执行。Endpoint 负责获取 N 当前的可调用位置并提供 N 的引用供 X 使用。一方面，若 N 模块在远程状态下运行，则 Endpoint 模块会通过"远程通信服务"获得 N 模块的远程引用，并把该引用以 NProxy 的形式提供给 X 使用。另一方面，若 N 在本地运行，则 Endpoint 会直接获得对 N 的内存引用，并同样以 NProxy 的形式提供给 X 使用。最后，对安卓应用中的类进行分类、聚类和封装，生成两部分制品，一部分是转换后留在本地运行的应用，另一部分是转换后的 movable 类组成的集合，部署到云端以供远程调用[11]。Zhang 等人[20]选取了计算密集型、交互密集型和计算交互兼具型 3 类应用开展实验。实验结果表明，计算密集型安卓应用能降低其在移动设备端 27%～83%的能耗，交互密集型应用的能耗平均降低约 25%，所有类型应用均有较为明显的性能提升。

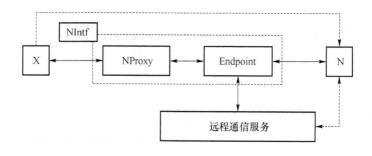

图 2-8　DPartner 按需远程调用

　　为了解决云端和终端运行环境的异构问题，南京大学的 Wu 等人提出 CoseDroid 框架[21]，采用比以往更激进的方式实现计算卸载：让计算卸载发生在临近的移动终端之间。由于不同终端可能存在完全相同或部分相同的运行环境，因此可卸载部分显得更为宽松。在 CoseDroid 框架下，一个计算过程是否可被卸载需具备两点性质：①独立性，即该代码段在执行过程中无须在两个设备之间进行消息传递；②一致性，即代码段在本地或远程设备上执行的结果状态是一致的。CoseDroid 实现计算卸载的过程分为三步：首先，通过 Soot 工具对代码进行静态分析，并寻找满足独立性和一致性条件的方法；其次，通过代码插桩使得运行代码段和序列化状态可以从当前设备发送到另一个终端设备；最后，完成卸载操作。CoseDroid 系统架构如图 2-9 所示[21]。在实验中，一款 Shake 工具通过 CoseDroid 平台使用其他移动终端传感器后，能耗节省了约 50%。

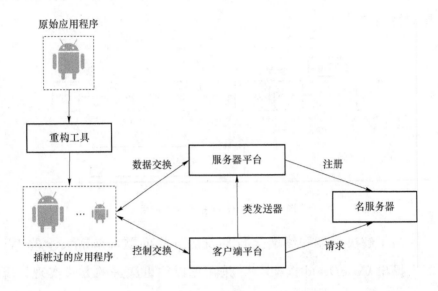

图 2-9　CoseDroid 系统架构原型

　　将移动设备上的计算密集型任务卸载到云端执行是扩展移动
终端能力的有效解决方案，除了上述列举的计算卸载策略以外，
还有其他的计算卸载方案。例如，通过同时启动多个虚拟机并发
完成计算任务的 ThinkAir[22]，将本地任务映射到移动设备中的
异构核，并通过动态电压频率调整技术自适应降低能耗的调度算
法[23]，以及云端融合的应用模型和运行平台等[24]。

2.3　服务迁移技术

　　在移动边缘计算环境下，单个边缘云覆盖范围有限、终端用

户（如智能车、个人移动终端等）频繁移动等，导致边缘云服务
质量急剧下降，甚至服务中断，难以保障服务的连续性。为此，
国内外许多研究者希望通过服务迁移来解决上述问题[25,26]。如图
2-10 所示，用户在位置 1 使用边缘云 A 提供的服务（如增强现
实[27]、车联网应用[28]等），当用户移动到位置 2 时，由于位置 2
不在边缘云 A 提供服务能力的范围内，这就使得服务质量难以保
障，甚至中断。为了保证服务的连续性，需要将该服务迁移到当
前用户位置附近的边缘云上（如边缘云 D 或边缘云 E），即需要
在多个边缘云之间进行服务迁移。为此，在移动边缘计算环境下
如何实现服务的无缝迁移（即服务迁移时间开销最小化）已经成
为学术界和产业界的研究热点[25,26,28,29]。

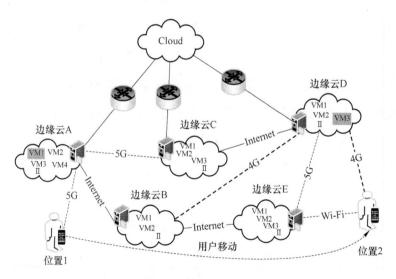

图 2-10　移动边缘计算环境下的服务迁移示意图

无缝迁移概念源自于蜂窝网络中的无缝切换概念，即在不影响语音通话和数据传输的情况下，移动用户能够自由地从一个地理位置移动到另一个地理位置，前后两个位置之间可以存在多个覆盖范围有限的蜂窝基站。不同之处在于，蜂窝切换是通信的切换，在该过程中传输数据量是很少的；而服务迁移的重点是如何把程序、数据和执行状态从一个边缘云迁移到另一个边缘云，在该过程中传输数据量比较大。移动边缘计算中的服务迁移概念与云数据中心的虚拟机实时迁移概念有点类似，但是两者有本质区别[26]。首先，两者具有不同的优化指标。服务迁移的优化指标是迁移过程的总时间，因为端到端时延的降低充斥着整个迁移过程，而虚拟机的实时迁移则致力于虚拟机宕机时间，在此时间段虚拟机实例才会被暂停，而该时间仅占虚拟机实时迁移过程总时间的很小一部分。其次，边缘服务器的计算资源、不同边缘服务器之间的通信方式和通信质量，都是没有保障的。而虚拟机的实时迁移发生在云计算中心，不同的计算节点之间有可靠的专用高速有线网络连接，而且目标虚拟机的参数是可以定制的。因此，服务迁移需要忍受带宽和计算能力等方面的不确定性，而这些不确定性往往与用户群体的动态性及需求的难预测性有关。最后，服务迁移可以利用目标边缘服务器上的系统镜像和应用镜像，通过组装的方式来合成虚拟机实例，进而提高服务迁移的性能。

目前，国内外一些研究者围绕移动边缘计算环境下的服务迁移问题提出了若干解决方案，如基于决策过程的服务迁移[25]、基于虚拟机切换的服务迁移[26]等，这在一定程度上保证了服务的连续性。

2.3.1　欧洲研究进展

基于决策过程的服务迁移是在 Follow-Me 云概念下提出的，而 Follow-Me 云能够使得数据中心互相协作，以支持用户移动性，其中配置的最优化判断标准不但与运营商的策略有关，而且与地理位置的远近及负载密切相关，如图 2-11 所示[30]，主要包括两个部分：FMC 控制器和 DC/GW 映射实体。它们是与现有节点搭配的独立架构或功能实体，或者是可以作为底层运行在任何数据中心上的软件。云网络和移动运营商网络都是分布式的，服务迁移的代价不容忽视，因为迁移过程需要在数据中心之间传输相关的控制信令和数据，这就需要一定的传输成本。因此，是否进行服务迁移就变成了成本和用户期望服务质量的折中。

基于决策的服务迁移方法定义了一个连续时间马尔科夫决策过程模型，如图 2-12 所示[30]，同时考虑迁移决策、转移矩阵和激励等进行建模，进而解决成本和其服务质量的矛盾，其目标是制订一个迁移策略，使得当移动设备和数据中心的距离在一定范围时，决定是否进行服务迁移。通过数据分析发现，基于决策的服务迁移方法与两个对比方法（进入新边缘云的有效范围就迁移，距离初始边缘云在一定范围时就迁移）相比，能够最大化期望收益。

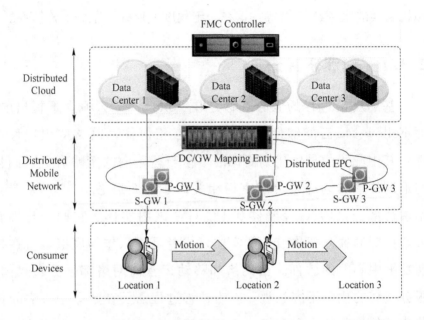

图 2-11　Follow Me Cloud 环境下的服务迁移

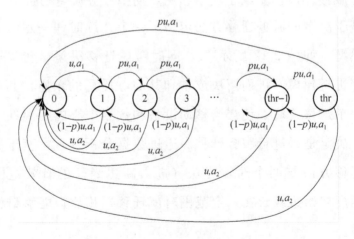

图 2-12　连续时间马尔科夫决策过程模型

2.3.2 美洲研究进展

基于虚拟机切换的服务迁移研究了用户移动性对边缘云性能的影响,研究发现即使最保守的用户移动也会导致网络性能的显著退化[26]。因此,卡内基梅隆大学的 Satyanarayanan 等人提出了虚拟机切换的概念,在用户移动过程中实现服务的无缝迁移[27]。虚拟机切换以 Cloudlet 为载体,当用户移动时,其虚拟机能够从一个 Cloudlet 传输到另一个 Cloudlet,以实现其较低的端到端时延。该方法通过压缩需要迁移的数据量,在无线接入网环境中,能够在一分钟内实现服务迁移。虚拟机切换设计方案考虑了 3 个因素:①优化总切换时间而不是宕机时间;②动态适应网络带宽和 Cloudlet 负载;③借助 Cloudlet 上已有的虚拟机状态。虚拟机切换的总体设计方案如图 2-13 所示[27]。

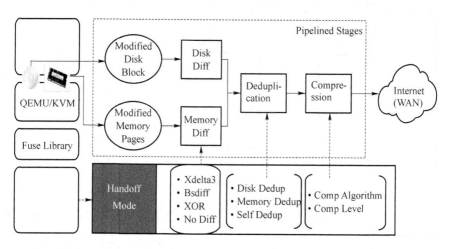

图 2-13 虚拟机切换的总体设计方案

IBM 华生实验室的 Wang 等人[31]通过利用移动边缘计算环境中分散的网络和计算资源，采用分层思想构建服务迁移框架，以最小化服务迁移的总时间。其服务迁移框架由三部分组成，如图 2-14 所示[31]。第一层是基础层，用来记录所有相关的基础数据，包括操作系统、内核等，可以通过备份把这个基础数据包预先存储在移动边缘计算环境中，以供后续大量的应用程序重复使用。因为每个移动边缘计算环境中都存储有它的备份，所以在每次迁移过程中不需要传送基础层的信息，从而节省了迁移时间。第二层是应用程序层，包含应用程序的"空"版本和专用数据。当整个应用程序要进行迁移时，则会先备份并把应用程序当作实例挂起。第三层是实例层，存放应用程序的运行状态。当挂起需要被迁移的实例后，通过增量编码的修改、去重和压缩等同步技术，实现到终点的无缝迁移。

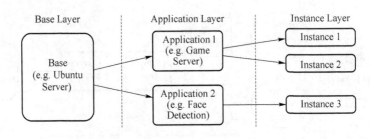

图 2-14　服务迁移框架

服务从起始移动边缘计算环境迁移至终点移动边缘计算环境的流程如图 2-15 所示[31]，首先，开始迁移正在运行的应用程序。

如果终点移动边缘计算环境没有基础包数据，则需要先对基础层
的内容进行备份，然后迁移至终点移动边缘计算环境。如果终点
移动边缘计算环境已经存放了基础包数据，则判断是否有需要迁
移的应用程序数据。其次，如果终点移动边缘计算环境没有相关
的应用程序数据，则备份应用程序层的内容，进行下一步迁移。
如果终点移动边缘计算环境已经存放了应用程序数据，则把应用
程序作为实例进行迁移。然后，当起始移动边缘计算环境确定需
要迁移的实例时，暂时挂起要迁移的实例，完成修改、去重和压
缩后的增量编码同步。最后，恢复实例，完成服务迁移过程。

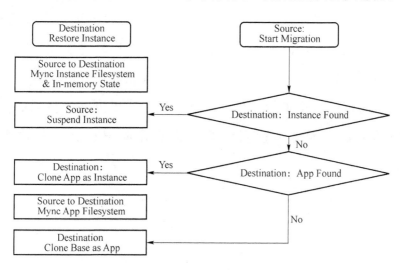

图 2-15 服务迁移流程

Wang 等人[32]在设计服务迁移算法时考虑了成本、网络结构
和移动模型异质性等因素，通过底层预测机制预测在每个移动微

云上运行服务的成本及服务迁移成本。成本可能与用户的位置、网络状况和用户偏好等因素有关。预测机制可以提供最可能的未来成本序列及实际成本和预测成本的偏差上限，这对于需要保证预测准确度的预测方法是有效的。通过预测未来成本参数找到最优的服务放置方法，以最小化平均成本，通过定义一个时间窗口预测未来时间，如图 2-16 所示[32]，其中共有 T_{max} 个时间片，时间窗的大小是 T，即每 T 个时间片作为一个时间窗。在每个时间窗内，不同时间片之间存在服务迁移，因此需要设计服务迁移策略使得该时间窗内的服务迁移成本最低。不同时间窗之间是相互独立的，不同时间窗连接处的两个时间片之间不进行服务迁移。时间窗不能太大，因为越靠后的时间片，预测误差越大；时间窗也不能太小，否则就失去了优化服务迁移策略的目的。因此，需要对时间窗的大小进行优化。Wang 等人[32]提出一种找到最优时间窗的方法，考虑了预测误差并最小化服务迁移平均成本的上限。

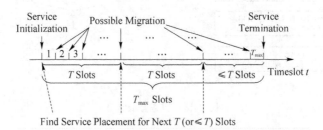

图 2-16　时间窗示意图

2.4 群智协同技术

在移动边缘计算环境下，当大量用户访问边缘云时，具有有限计算资源的移动边缘计算服务器可能出现工作负荷过载的现象。在这种情况下，移动边缘计算系统可以通过群智协同减轻服务器的工作负载，以平衡服务器的工作负荷，减少用户请求的排队时间。然而，边缘云之间应该如何协作并没有固定的策略，因此，产生了移动边缘计算环境下的群智协同问题。群智协同是一种分布式的问题解决机制，它通过大量用户的相互协作来完成仅靠单个用户难以完成的复杂任务，例如，用户可以利用群智协同来完成移动旅游指导、停车位搜索等具有实时性的复杂任务。群智协同如图 2-17 所示。其中，边缘云 A 的工作负荷过载，边缘云 B 闲置了很多资源，边缘云 A 和边缘云 B 可以通过相互协作实现资源共享，从而可以为移动用户提供更多的资源，增强用户体验，提高资源利用率，进而增加云计算服务提供商的收益。

群智协同的主要参与者包括任务请求人和任务完成人（也称为工人），他们通过任务联系到一起。任务请求人利用群智协同完成自己任务的主要步骤包括：①设计任务；②利用群智协同平台发布任务、等待答案；③拒绝或者接收工人的答案；④根据工人的答案整理结果，完成自己的任务。工人使用群智协同的主要步骤包括：①查找感兴趣的任务；②接收任务；③回答任务；④提交答案[33]。

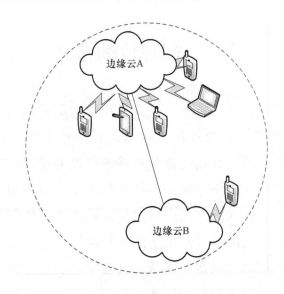

图 2-17　群智协同示意图

从时间维度来考虑，群智协同的工作流程主要分为 3 个阶段：任务准备、任务执行和任务答案整合。其中，任务准备阶段包括任务请求人设计任务、发布任务，工人选择任务；任务执行阶段包括工人接收任务、解答任务、提交答案；任务答案整合阶段包括请求人接收/拒绝答案、整合答案[33]。

在群智协同研究中存在以下挑战。①在任务准备阶段，主要挑战包括：如何将复杂任务进行分解，从而利用众包来解决复杂任务；如何对任务赋予合适的价格；如何处理欺诈者；如何平衡任务花费、质量和时间；工人如何挑选感兴趣的任务。②在任务执行阶段，主要的挑战是：如何有效地结合工人因素、请求人的任务优化目的进行在线任务分配。③在任务答案整合阶段，面临的最大的挑战是：如何处理工人提供的答案。为了解决这些挑战，研究人员提出了不同的解决方案[33]。

2.4.1 国外研究进展

在终端直连通信中，为了高效地分配任务和招募工作者，路易斯安那大学的 Han 等人[34]利用多维设计空间的方法获得一个最小化终端协作总成本的最优解。第一，众包任务中的每个参与者可以支持一系列感知质量（如视频分辨率等），导致以不同的概率（或精度）检测目标，可以采集不同数量的数据。第二，众包任务中的每个参与者可以将采集的数据简单发送给任务发起者，这种策略可能会导致高通信成本，因此并不总是有效的。或者，它可以首先处理原始数据，导致更少量的数据被发送给任务发起者。通常有多种选择（通过使用不同的算法配置）来处理数据。第三，众包任务中的每个参与者的计算能力有限。为此，它可能希望将计算卸载到附近的节点，一起形成一个移动云。但是，对于传输数据到移动云来说，卸载本身可能会造成额外的通信成本和时延。有几种选择形成移动云，需要在覆盖概率和成本之间做出折中。为了获取最小化终端协作总成本的最佳策略，需要搜索一个庞大的解空间，Han 等人[34]基于降维空间技术获得一个近似解，并且证明了近似解和最优解的有界近似比，同时提出了轻量级的在线启发式算法。

在基于代理的群智协同服务系统中，为了提供一种机制激励用户参与任务，同时确保公平交易，马萨诸塞大学波士顿分校的 Zhang 等人设计了多市场动态双向拍卖机制 MobiAuc，如图 2-18 所示[35]，激励和促进用户相互协作并从服务中获益，解决了在移动无线环境中出现的多方市场动态双向拍卖的公平交易问题。

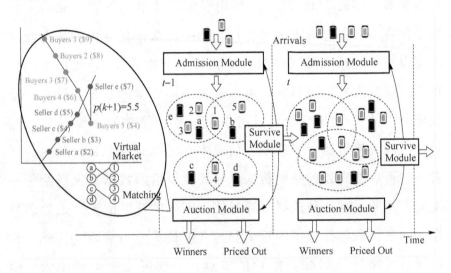

图 2-18 MobiAuc 机制示意图

MobiAuc 机制通过一系列相关拍卖解决用户的动态移动模式，核心算法包括虚拟市场算法或匹配规则以及组匹配算法。MobiAuc 机制的设计满足动态双重拍卖的期望特性，如真实性、灵活性、个体理性和计算高效性等。MobiAuc 机制的主要新颖之处在于它解决了基于代理的群智协同服务系统的多市场特性（如在某个时间多组共存）。MobiAuc 机制可以最大限度地保证价格的真实性，在实际应用中具有较高的效率。

为了最大化边缘云服务提供商的收益，满足移动用户的需求，更有效地进行边缘云的资源分配，为边缘云服务提供商提供最佳决策，新加坡南洋理工大学的 Kaewpuang 等人提出了边缘云服务提供商的决策组件框架，如图 2-19 所示[36]，该决策组件主要包括移动应用资源分配、收益管理和服务提供商之间的合作。

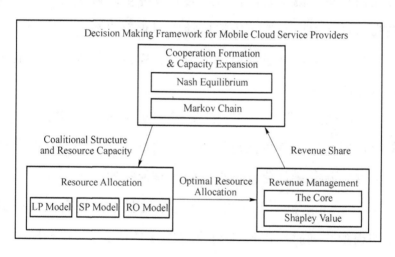

图 2-19　边缘云服务提供商的决策组件框架示意图

Kaewpuang 等人[36]提出 3 个优化模型：线性规划模型、随机规划模型和鲁棒优化模型。以获得从资源池到移动应用程序的最优资源（如基站的无线资源、数据中心服务器的计算资源等）分配决策。

① 线性规划模型：当所有的资源分配参数可以确定时，适用线性规划模型。即当该模型可以观察到系统参数的精确值时，该模型将决定是否为用户分配应用程序实例。另外，线性规划模型可以解决模型仅知道随机参数平均值的预期优化问题。

② 随机规划模型：当系统参数随机时，适用随机规划模型。随机规划模型需要确定随机参数的概率分布（如可用资源和用户需求等）。相互协作的边缘云服务提供商可以用这个模型分两个阶段做出决策。第一阶段，边缘云服务提供商基于可用资源的统计信息（如概率分布等）决策启动应用程序实例。第二阶段，边缘云服务供应商将基于资源的确切数量决策补偿资源不足时无法满足其需求的用户。

③ 鲁棒优化模型：当仅仅知道随机参数（如资源需求等）值的范围时，适用鲁棒优化模型。考虑给移动应用程序分配资源的灵活性，从鲁棒优化模型得到的解是保守的。

Kaewpuang 等人[36]提出一个边缘云服务提供商共享资源池收益的模型，同时利用沙普利值对共享的收益进行分析。此外，还提出一个边缘云服务提供商的合作博弈模型，以决定其是否应该合作创建资源池，这个博弈模型可以得到纳什均衡，以确保理性的边缘云服务提供商不会单方面改变自己的决策，且边缘云服务提供商可以决策对资源池贡献资源的数量。Kaewpuang 等人提出的决策组件框架是设计边缘云服务提供商最优资源管理的有效工具，因为边缘云服务提供商都是理性的和自私的，都期望在给定其他服务提供商决策时最大化自己的收益，边缘云服务提供商通过相互合作可以实现这样的目标。

为了最小化应用程序的执行时延，避免使用远程云数据中心，加拿大英属哥伦比亚大学的 Tanzil 等人研究了微基站可以通过相互合作增强其计算资源，形成本地资源池（即微云），如图 2-20 所示[37]，对微云的计算资源进行优化分配，从而最大化计算资源的利用率。

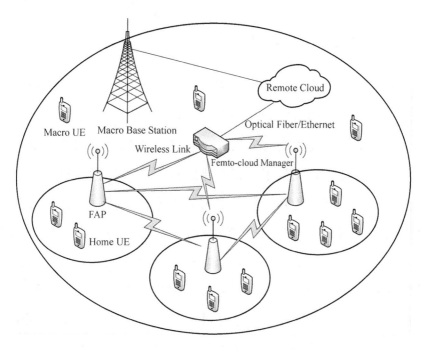

图 2-20　微云结构示意图

Tanzil 等人[37]考虑了单个微基站请求的到达配置、数据传输时延和微基站的多余计算资源,从而优化微云的结构,以尽可能外包一些任务给远端云。在共享多余资源时,微基站拥有者可以收到货币激励。Tanzil 等人[37]将这个问题规划为一个联盟博弈问题,提出一个微云联盟博弈算法,确保这个博弈可以收敛,以最大化利用微基站的本地计算资源,以公平的方式分配不同微基站应获得的奖励。这减少了处理时延,提高了终端用户的体验质量。

2.4.2 国内研究进展

为了提供在线群智协同服务,南开大学的 Pu 等人提出了一个面向服务质量的自组织移动群智协同框架,如图 2-21 所示[38],提出该策略的主要原因有 4 点:①在日常生活中普遍存在大量用户相遇的机会,这提供了可以利用附近的人类智慧解决任务的大量机会;②许多移动众包任务需要获取本地知识和信息(如基于位置的内容感知和内容传输等),因此,附近的工人比网上招募的工人更善于执行这些任务;③随着用户吞吐量的增加、蜂窝流量的减少和网络覆盖范围的增大,端到端通信技术(如蓝牙、Wi-Fi 直连等)可以和传统蜂窝通信技术相补充;④这个框架与通过机会网络实现的“网络觅食”范式类似,使得移动用户可以利用附近的设备资源促进他们计算任务的处理。

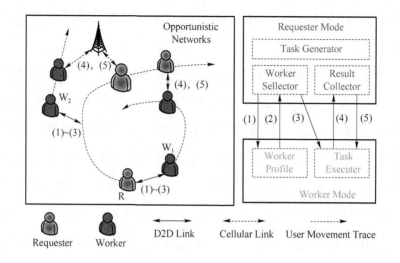

图 2-21　自组织移动群智协同框架示意图

　　在 Pu 等人[38]提出的自组织移动群智协同框架中，移动用户可以实时地招募大量工人，可以积极主动地将其任务众包给其他人。该框架是一个全面的框架模型，充分整合了任务分析、工人到达和工作能力等人类行为因素。此外，通过联合考虑工作能力、任务时效性和任务奖励，服务质量可以表示招募到一个工人时任务请求者可以获得的期望服务收益。此外，他们还研究了在该自组织移动群智协同框架中的工人招募问题，并且提出了在线多重停止规划问题。为了利用向后归纳的方法最大化期望的服务质量总和，设计出一个最优的在线工人招募策略，并且发现它具有一个很好的阈值结构，证明该阈值可以通过求解一组微分方程得到，还说明了该阈值的计算过程。最后，通过数据-驱动案例不仅验证了策略设计中的假设，而且阐明了如何将这种策略应用到实际的工人招募中。

为了给移动终端的协同设计一种激励机制，上海交通大学的Li 等人[39]提出了一个随机组合拍卖机制，以最小化移动终端协同的社会成本。这个随机拍卖机制主要由两个部分组成：感知任务分配和支付确定。在设计感知任务分配组件时，首先设计一个近似算法，并且推导出完整性差距的一个上边界，然后利用这个上边界设计一个椭球方法，以确定所有配置文件的集合及相应的概率权重，如图 2-22 所示[39]。在设计确定支付组件时，确定每次竞标的支付，以保证逼近的真实性。

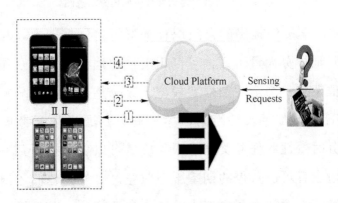

图 2-22　移动群智协同中感知任务分配示意图

根据这一拍卖机制，边缘云服务平台首先计算配置文件的集合及相应的概率权重。在每个时间间隔开始时，边缘云服务平台根据配置文件的概率权重随机选择一个配置文件。在这个时间间隔过程中，通过配置文件指定的用户被选择执行这些感知任务。在不同的时间间隔内，通过随机选择不同的配置文件，提出的随机拍卖机制可以大大增加对一个给定的感知任务做出贡献的用户的多样性。Li 等人[39]通过深入的理论分析和数值研究提出的随机拍卖机制可以达到近似真实、个人理性和高效计算的效果。

广东工业大学的 Yu 等人研究了边缘云服务提供商通过资源共享进行相互协作的资源分配问题，提出利用地理分散的移动云计算环境中边缘云服务提供商之间的相互合作来增加资源利用率，激励资源丰富的边缘云服务提供商出租一部分资源给资源不足的边缘云服务提供商，如图 2-23 所示[40]。边缘云服务提供商的相互合作可以进一步分为两种方案：本地资源共享和远程资源共享。

为了解决边缘云服务提供商相互协作的问题，Yu 等人[40]基于资源交易模型将边缘云服务提供商之间的协作规划为一个合作博弈框架，提出一个联盟博弈方法，利用价格机制和用户需求刺激边缘云服务提供商之间的资源合作。边缘云服务提供商的资源共享和相互合作不仅提高了资源利用率，获得了更多收益，而且增加了对用户的虚拟机分配率，显著改善了用户的服务质量。此外，他们还利用优化虚拟机迁移和资源分配来处理车辆的移动性，同时利用图论找到具有高服务质量和满意收益的全局最优解。

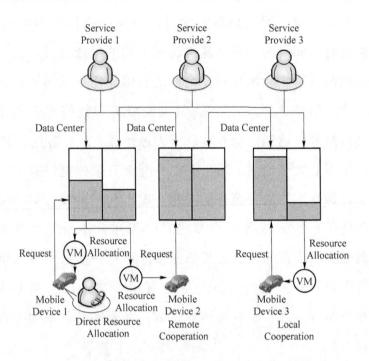

图 2-23　服务提供商之间的资源共享和相互协作示意图

本章参考文献

[1]　Xu Z C, Liang W F, Xu W Z, et al. Efficient algorithms for capacita-
ted cloudlet placements[J]. IEEE Transactions on Parallel and Dis-
tributed Systems, 2016, 27(10): 2866-2880.

[2]　Jia M, Cao J N, Liang W F. Optimal cloudlet placement and user to
cloudlet allocation in wireless metropolitan area networks[J]. IEEE

Transactions on Cloud Computing，2015，PP(99)：1-1.

[3] Xiang H L，Xu X L，Zheng H Q，et al. An Adaptive Cloudlet Placement Method for Mobile Applications over GPS Big Data[C]//Global Communications Conference. Washington：IEEE，2016：1-6.

[4] Cisco. Cisco visual networking index：global mobile data traffic forecast update，2016—2021 white paper[EB/OL]. [2017-03-28]. http://www. cisco. com/c/en/us/solutions/collateral/service-provider/visual-networking-index-vin/mobile-white-paper-cll-520862. pdf.

[5] Palacin M R. Recent advances in rechargeable battery materials：a chemist's perspective [J]. Chemical Society Reviews，2009，38（9）：2565-2575.

[6] Li D，Halfond W G J. An investigation into energy-saving programming practices for android smartphone app development[C]//Proceedings of the 3rd International Workshop on Green and Sustainable Software. New York：ACM，2014：46-53.

[7] Banerjee A，Chong L K，Chattopadhyay S，et al. Detecting energy bugs and hotspots in mobile apps[C]//Proceedings of the 22nd ACM SIGSOFT International Symposium on Foundations of Software Engineering. New York：ACM，2014：588-598.

[8] 吴松，牛超，金海. 面向云-端融合的移动容器云平台[J]. 中国计算学会通讯，2016，12(11)：28-34.

[9] Orsini G，Bade D，Lamersdorf W. Computing at the mobile edge：designing elastic android applications for computation offloading[C]//IFIP

Wireless and Mobile Networking Conference（WMNC），2015 8th. Washington：IEEE，2015：112-119.

[10] ur Rehman M H，Sun C，Wah T Y，et al. Opportunistic computation offloading in mobile edge cloud computing environments[C]// Mobile Data Management，2016 17th IEEE International Conference on. Washington：IEEE，2016，1：208-213.

[11] 曹春,陆子凌,马晓星. 云-端融合下的端设备能耗优化[J]. 中国计算学会通讯，2016,12(11)：35-42.

[12] Kumar K，Liu J，Lu Y H，et al. A survey of computation offloading for mobile systems[J]. Mobile Networks and Applications，2013，18(1)：129-140.

[13] Cuervo E，Balasubramanian A，Cho D，et al. MAUI：making smartphones last longer with code offload[C]//Proceedings of the 8th International Conference on Mobile Systems，Applications，and Services. New York：ACM，2010：49-62.

[14] Chun B G，Ihm S，Maniatis P，et al. Clonecloud：elastic execution between mobile device and cloud[C]//Proceedings of the Sixth Conference on Computer Systems. New York：ACM，2011：301-314.

[15] Shi C，Habak K，Pandurangan P，et al. Cosmos：computation offloading as a service for mobile devices[C]//Proceedings of the 15th ACM International Symposium on Mobile Ad Hoc Networking and Computing. New York：ACM，2014：287-296.

[16] Satyanarayanan M，Bahl P，Caceres R，et al. The case for vm-based

cloudlets in mobile computing[J]. IEEE Pervasive Computing, 2009, 8(4):14-23.

[17] Verbelen T, Simoens P, de Turck F, et al. Cloudlets: bringing the cloud to the mobile user[C]//Proceedings of the Third ACM Workshop on Mobile Cloud Computing and Services. New York:ACM, 2012: 29-36.

[18] Habak K, Ammar M, Harras K A, et al. Femto clouds: leveraging mobile devices to provide cloud service at the edge[C]//Cloud Computing (CLOUD), 2015 IEEE 8th International Conference on. Washington:IEEE, 2015: 9-16.

[19] Golchay R, Mouël F L, Ponge J, et al. Spontaneous proximity clouds: making mobile devices to collaborate for resource and data sharing [C]//Proceedings of the 12th EAI International Conference on Collaborative Computing: Networking, Applications, and Worksharing. [S. n. :s. l.],2016:480-489.

[20] Zhang Y, Huang G, Liu X Z, et al. Refactoring android java code for on-demand computation offloading[C]//ACM SIGPLAN Notices. New York: ACM, 2012, 47(10): 233-248.

[21] Wu X Y, Xu C, Lu Z L, et al. Cosedroid: effective computation- and sensing-offloading for Android apps[C]//Computer Software and Applications Conference (COMPSAC), 2015 IEEE 39th Annual. Washington: IEEE, 2015, 2: 632-637.

[22] Kosta S, Aucinas A, Hui P, et al. Thinkair: dynamic resource allo-

cation and parallel execution in the cloud for mobile code offloading [C]//Infocom，2012 Proceedings IEEE. Washington：IEEE，2012：945-953.

[23] Lin X，Wang Y Z，Xie Q，et al. Task scheduling with dynamic voltage and frequency scaling for energy minimization in the mobile cloud computing environment[J]. IEEE Transactions on Services Computing，2015，8(2)：175-186.

[24] 黄罡,刘譞哲,张颖. 面向云-端融合的移动互联网应用运行平台[J]. 中国科学:信息科学,2013,43(1):24-44.

[25] Ksentini A，Taleb T，Chen M. A Markov decision process-based service migration procedure for follow me cloud[C]//Communications (ICC)，2014 IEEE International Conference on. Washington：IEEE，2014：1350-1354.

[26] Bittencourt L F，Lopes M M，Petri I，et al. Towards virtual machine migration in fog computing[C]//P2P，Parallel，Grid，Cloud and Internet Computing (3PGCIC)，2015 10th International Conference on. Washington：IEEE，2015：1-8.

[27] Hu Y,Patel M，Sabella D，et al. Mobile edge computing a key technical towards 5G[EB/OL]. [2017-03-18]. http://www. etsi. rog/images/files/ETSIWhitePapers/esti-wpll-mec-a-key-technology-towards-5g. pdf.

[28] Ha K，Abe Y，Chen Z，et al. Adaptive VM handoff across cloudlets [R]. Pittsburgh，Technical Report CMU-C S-15-113，CMU School of

Computer Science，2015.

[29] Shi W S, Cao J, Zhang Q, et al. Edge computing: vision and challenges[J]. IEEE Internet of Things Journal, 2016, 3(5): 637-646.

[30] Taleb T, Ksentini A, Frangoudis P. Follow-me cloud: when cloud services follow mobile users[J]. IEEE Transactions on Cloud Computing, 2017,PP(99):1-1.

[31] Machen A, Wang S Q, Leung K K, et al. Migrating running applications across mobile edge clouds: poster[C]//Proceedings of the 22nd Annual International Conference on Mobile Computing and Networking. New York:ACM, 2016: 435-436.

[32] Wang S Q, Urgaonkar R, Chan K, et al. Dynamic service placement for mobile micro-clouds with predicted future costs[J]. IEEE Transactions on Parallel and Distributed Systems, 2017, 28(4): 1002-1016.

[33] 冯剑红,李国良,冯建华. 众包技术研究综述[J]. 计算机学报,2015, 38(9):1713-1726.

[34] Han Y Y, Wu H Y. Minimum-cost crowdsourcing with coverage guarantee in mobile opportunistic D2D networks[J]. IEEE Transactions on Mobile Computing, 2017,PP(99):1-1.

[35] Zhang H G, Liu B Y, Susanto H, et al. Incentive mechanism for proximity-based mobile crowd service systems[C]//Computer Communications, IEEE INFOCOM 2016—The 35th Annual IEEE International Conference on. Washington:IEEE, 2016: 1-9.

[36] Kaewpuang R, Niyato D, Wang P, et al. A framework for coopera-

tive resource management in mobile cloud computing[J]. IEEE Journal on Selected Areas in Communications, 2013, 31(12): 2685-2700.

[37] Tanzil S M S, Gharehshiran O N, Krishnamurthy V. Femto-cloud formation: a coalitional game-theoretic approach[C]//Global Communications Conference (GLOBECOM), 2015 IEEE. Washington: IEEE, 2015: 1-6.

[38] Pu L J, Chen X, Xu J D, et al. Crowd foraging: a QoS-oriented self-organized mobile crowdsourcing framework over opportunistic networks [J]. IEEE Journal on Selected Areas in Communications, 2017, 35 (4): 848-862.

[39] Li J, Zhu Y M, Hua Y Q, et al. Crowdsourcing sensing to smartphones: a randomized auction approach [C]//Quality of Service (IWQoS), 2015 IEEE 23rd International Symposium on. Washington:IEEE,2015:219-224.

[40] Yu R, Ding J F, Maharjan S, et al. Decentralized and optimal resource cooperation in geo-distributed mobile cloud computing[J]. IEEE Transactions on Emerging Topics in Computing, 2016,PP(99): 1-1.

第3章　典型应用场景

移动边缘计算作为 4.5G/5G 网络体系架构演进的关键技术，可满足系统对于吞吐量、时延、网络可伸缩性和智能化等多方面的要求。依托于移动边缘计算，运营商可将传统外部应用拉入移动网络内部，使得内容和服务更贴近用户，提高移动网络的速率，降低时延并提升连接可靠性，从而改善用户体验，开发网络边缘化的更多价值[1]。目前移动边缘计算的主要应用包括本地内容缓存、基于无线感知的业务优化处理、本地内容转发、网络能力开放等，主要应用在时延敏感、实时性要求高、数据量大等场景，如车联网、增强现实、智能家居、医疗服务和公共安全等，如图 3-1 所示[2]。本章将对这些应用场景进行详细的描述。

3.1 车 联 网

车联网（Internet of Vehicles，IoV）是指车与车、路、人、传感设备等之间进行交互，实现信息共享，收集车辆、道路和环境的信息，并在信息网络平台上对多源采集的信息进行加工、计

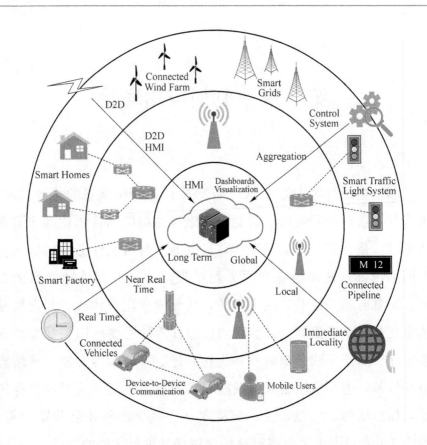

图 3-1 移动边缘计算应用场景

算、共享和安全发布，根据不同的功能需求对车辆进行有效的引导与监管，以及提供专业的多媒体与移动互联网应用服务。作为物联网在交通领域的一个重要分支，车联网涵盖了智能交通、车载信息服务和现代信息通信等多领域技术和应用。结合工业界和学术界对车联网所提出的体系结构，我们将其分为 4 层：车网环境感知与控制层、网络接入与传控层、协同计算控制层和应用层，如图 3-2 所示[3]。

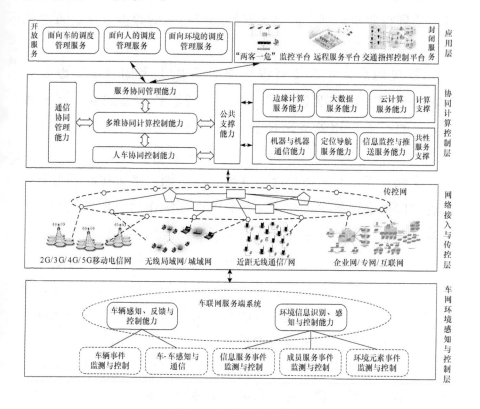

图 3-2　车联网体系结构

① 车网环境感知与控制层。主要负责从车辆自身出发，通过车辆携带的自动泊车系统、自动驾驶系统、堵车辅助系统、传感器系统等对车辆周围的环境信息进行感知、判断和分析，从而进行无人驾驶决策、智能交通决策等，最终完成辅助驾驶。

② 网络接入与传控层。主要负责实现网络接入、数据处理、数据分析和数据传输，以及对车联网内节点的远程监控和管理。

③ 协同计算控制层。主要负责在全网范围内提供"人-车-环境"协同控制与计算,满足车联网应用所需的数据处理、资源调配和群智计算等需求。

④ 应用层。主要负责提供多种不同类型的服务,以实现"人-车-环境"协同服务需求,以及新型服务形态和商业运营模式。针对行业应用的封闭现状,应用层可分为封闭服务和开放服务。

未来几年,车辆数量会迅速增长,车辆、路边传感器与路边机组之间的通信将通过交换临界的安全和操作的数据来提高交通运输系统的安全性、便利性和效率,这种通信还可以用于提供增值服务,如汽车定位、查找停车位,以及支持视频分发等娱乐服务。随着连接车辆数量的增加和终端设备的发展,为了实现网络辅助智能交通,就必须保证智能控制的实时性,所以移动边缘计算将是车联网应用的关键使能技术。

通过在车联网中引入移动边缘计算,将汽车服务由核心网转至边缘云上处理,使得应用数据更加靠近车辆,从而减少处理数据所需的往返时间。可以将边缘服务器部署在 LTE 基站处,数据通过 LTE 实时分发,汽车利用 LTE 连接进行实时通信,如图 3-3 所示[4]。LTE 单元可以提供"超出视线"的可视性,即超出 $300\sim500$ m 的车辆之间直接通信的范围。相关应用程序可以在 LTE 基站处的边缘服务器上运行,通过从车辆或路边传感器上感知并收集本地信息,在边缘云中对其进行分析处理后,及时将危险警告或其他对时延敏感的信息传给该区域的其他车辆。这使得附近的汽车可以在几毫秒内接收数据，以便驾驶员及时做出反应。同时，该边缘云还能够及时通知相邻的其他边缘云，通过这些服务器将危险警告传播到靠近受影响区域的汽车，以此来促进车与车之间的通信。

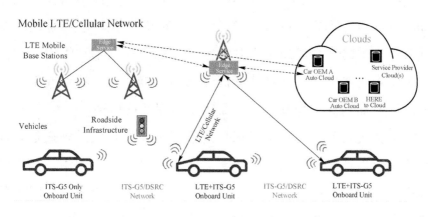

图 3-3　经由 LTE 的车与车/基础设施的通信

目前，已经有公司研发了相关的模型。例如，全球领先的无线解决方案供应商京信通信系统控股有限公司联同香港应用科技研究院，于西班牙巴塞罗那举行的 2017 年世界移动通信大会上展示了最新研发的移动边缘计算平台及运行在该平台上的车联网原型系统[5]。该系统所展示的移动边缘计算平台可以提供移动边缘应用开发者管理、定义网络特性及大规模部署应用的能力，通过采用软体定义网路技术，该移动边缘计算平台还可以在同一套物理网络之上为不同移动边缘应用定义不同的网络特性及服务拓扑。该演示系统在车辆监控中可以很好地实现低延时性能，对实现智慧城市中的道路安全及智能交通有极大的帮助。

3.2　增强现实

增强现实（Augmented Reality，AR）是在虚拟现实（Virtual Reality，VR）的基础上发展起来的新技术，它是通过计算机系统提供的信息增加用户对现实世界感知的技术，将虚拟的信息应用到真实世界，并将计算机生成的虚拟物体、场景或系统提示信息叠加到真实场景中，从而实现对现实的增强[6]。

增强现实的关键技术指标是高数据量处理和低时延通信，同时还要求本地具有一定的计算能力。在增强现实应用中，如果终端产生的数据全部传送到远端云进行处理，将不能满足低时延的技术需求，且高数据量的频繁交互操作也会带来高时延的缺点，从而影响用户体验。因此，作为一种潜在的解决方案，移动边缘计算架构可以有效地简化网络结构，降低数据量，从而减少用户等待传输时间。此外，与云计算模型相比，边缘网络对决策和诊断信息的收集也将更加高效。

移动边缘计算平台可以提供增强现实服务，如图3-4所示[7]，增强现实服务的一部分计算在边缘云服务器中进行。例如，当用户参观博物馆时，增强现实服务需要应用程序分析来自设备的相机和精确位置的输出，以便向用户提供实时服务。应用程序需要通过定位技术或通过相机视图来了解用户的位置和方向。分析这些信息后，应用程序可以向用户提供实时的附加信息，如果用户移动，则需要刷新信息。结合移动边缘计算，增强现实可以应用于以下几方面[6]。

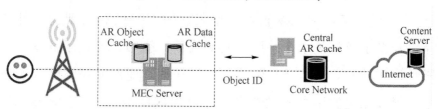

图 3-4　增强现实服务场景

① 在医疗领域，在最新的 AR 技术应用下，医生可以准确断定手术的位置，降低手术的风险，可以更好地提高手术的成功率。

② 在交通导航领域，AR 头显可以让飞行员在极端天气中依然能够看清前方路况。如在浓雾遮挡、看不清远方的情况下，AR 显示屏中的画面却能显示前方路况。

③ 在古迹复原和数字化遗产保护方面，参观者不仅看到古迹的文字解说，还能看到遗址上残缺部分的虚拟重构。

④ 在工业指导领域，对于工人来说，人工检修、维护机器需要翻阅图纸，找出监测点或维修点，根据图纸标准或经验来判断问题所在；而 AR 头显可以将产品的整个系统即时投影出来，实时查看，并进行检修和维护，从而省去了翻阅图纸、人工查找等步骤。依靠 AR 技术，如电路图的焊接与检测及大型复杂机器的装备修理等工作就可以轻松完成。

⑤ 在网络视频通信领域，通过在通话的时候在通话者的面部实时叠加一些如帽子、眼镜、口罩等虚拟物体，可以提高视频对话的趣味性。

⑥ 近年来，在儿童教育领域儿童教育类的科技智能硬件产品中开发了 AR 技术，并融入儿童玩具，能够教给孩子数学、色彩、形体结构，甚至是与编程相关的知识。他们利用增强现实技术，辅以相应的手办硬件产品，通过相应的 App 利用 iPad 自带摄像头识别手办物体的色彩、图形、形状信息，然后在屏幕上渲染生成 3D 图像，并且会随着手办移动。这种寓教于乐的教育方式，既能满足孩子们的好奇心和求知欲，还能让孩子在运动和游戏中学习。

除了以上几个领域之外，增强现实在游戏、娱乐、建筑、社交，甚至电商等领域的应用也非常丰富。

3.3 智能家居

智能家居（Smart Home）以住宅为平台，利用网络通信技术、综合布线技术、安全防范技术、音视频技术将与家居生活有关的设施进行集成，将各种家具设备（如冰箱、电视、窗帘、空调、安防设备等）连接到一起，通过无线传输网络、传感网络和智能处理设备等提供智能灯光控制、智能家电控制、家居环境监测、智能防盗报警等智慧化的家居服务，从而构建高效的管理系统，为用户提升家居便利性、舒适性、安全性、艺术性，并实现环保节能的居住环境[8]。智能家居的概念最早是在 20 世纪 80 年代提出的，但一直没有具体的建筑案件出现，直到 1984 年美国联合科技公司将建筑设备信息化、整合化概念应用于美国康涅狄格州哈特佛市的 CityPlaceBuilding 时，才出现了首栋"智能型建筑"，从此揭开了全世界争相建造智能家居派的序幕[9]。

智能家居最早是通过云平台来控制家里的设备的，通过修改云端状态，实现了外网与内网间的透传[10]。但是，云计算下的家庭设备互动却存在着天然的缺陷。

① 通过手机控制家里的设备，如果手机在局域网内，一般是直接控制设备的，而在外网是通过透传的。智能单品之间的联动，通常的联动逻辑是在云上的。所以，当网络故障发生的时候，联动的设备就容易失控。

② 通过云控制家里的设备，家里的设备通过定时检查云端的状态来实现对家电的控制，设备接收响应的时间，一方面取决于设备检查云平台上状态的周期，另一方面取决于家里设备连接的网络的速率。如果这两个周期都长，那么响应时间是不可控的。

③ 随着智能单品品类的增加，智能家居开始越来越注重场景。场景联动的服务实现对延时要求很高。如果通过云服务实现，用户会感受到因延时带来的不一致性体验。

韦恩州立大学的施巍松等人[11]指出在当前的智能设备环境中，仅仅增加一种 Wi-Fi 模块连接到云计算中心是远远不能满足智能家居的需求的。因为在智能家居环境中，廉价的无线传感器和控制器需要部署到房间、管道，甚至墙壁和地板，同时这些设备将产生海量的数据。出于对数据传输负载和数据隐私保护的考虑，敏感数据的处理应在家庭范围内完成。因此，传统的云计算模型已不能适用于智能家居类的应用。施巍松等人[11]认为移动边缘计算是组建智能家居系统的最优平台。在家庭内部的边缘网关中运行特定的边缘操作系统（Edge Operation System，EdgeOS），如图 3-5 所示[11]，利用 EdgeOS 在家庭内部可以很容易连接和管理智能家居设备，同时可在本地处理这些由智能设备所产生的数据，做到降低数据传输中网络带宽的负载，以向用户提供更好的资源管理和分配。EdgeOS 从移动设备中收集数据，不同设备可以利用不同的通信协议进行实现，如 Wi-Fi、局域网、蓝牙以及蜂窝网络等。在数据抽象层不同来源的数据进行融合和处理，数据抽象层之上是服务管理层，该层需要用来满足服务差异性、隔离性、可扩展性及可靠性等需求。

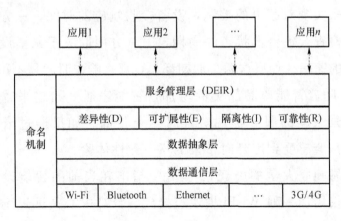

图 3-5 EdgeOS 架构图

　　此外，银河风云网络系统股份有限公司也进行了相关的尝试[10]。银河风云的 MacBee 是为解决智能家居通信难题而实现的一款通信协议，在实现智能家居功能的同时，也帮助很多灯具企业实现了灯光的智能控制难题。通信的延时导致的灯光变化的不一致性是非常明显的，所以 MacBee 在发展过程中，进行了大量的优化，一方面提高了无线通信的实时性、可靠性和稳定性；另一方面解决了由于网络速度原因而形成的延迟和不确定性。MacBee 借力移动边缘计算，通过在一个局域网内部署类似于网关的控制设备，如图 3-6 所示[10]，实现局域网内设备联动不通过网络，同时与云端同步控制，保持控制场景一致、控制设备的状态一致和多个产品之间控制的一致。一方面，解决了设备因为网络延时而带来的滞后的不确定性，同时兼顾了云计算和终端设备的协同；另一方面，在同时控制几百盏灯时，也能保持控制的一致性，在灯光控制领域取得了非常好的效果。

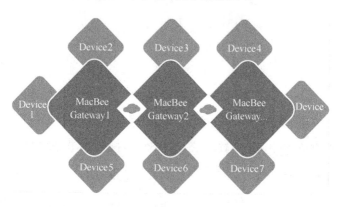

图 3-6　MacBee 控制系统原型

3.4 医 疗 服 务

互联网医疗包括了以互联网为载体和技术手段的健康教育、医疗信息查询、电子健康档案、疾病风险评估、在线疾病咨询、电子处方、远程会诊、远程治疗和康复等多种形式的健康医疗服务，涉及分布式地理数据处理，需要多企业间合作和共享数据，如图 3-7 所示[12]。

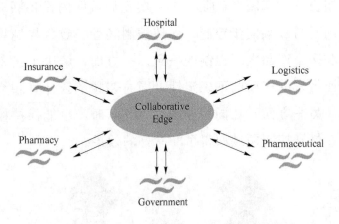

图 3-7 互联网医疗协同边缘计算案例

为了消除多方合作与共享障碍，通过连接多个地理位置分布的数据拥有者的边缘计算平台进行协同计算，以确保数据的隐私性和完整性。例如，在流感病情中，医院总结、分享流感疫情的信息，如平均花费、临床特征及感染人数等。医院治疗流感病人后更新其电子病历，病人根据药方买药，若病人没有按照医嘱进行治疗，导致病人重返医院进行二次治疗，由此会引起医疗责任纠纷，因为医院没有证据证明病人没有按照药方来治疗。为了解决这个问题，可以利用协同边缘计算平台使得药房可以将该病人的购买记录推送给医院。此外，通过协同边缘计算平台检索流感人数，药房可以充分利用现有库存来存放足够的药品。药房也可以通过协同边缘计算平台来检索药物的产地、价格、采购计划等。疾病控制中心在大范围区域内监控流感人群的变化趋势，可据此在有关区域内发布流感预警，采取措施阻止流感的扩散。基于保险单的规定，保险公司必须为病人报销部分医疗消费。保险公司可以分析流感爆发期间的感染人数、治愈流感所花费的成本等，作为调整下一年保单价格的重要依据[12]。由此可见，从减少操作成本和提高利润的角度，通过结合移动边缘计算，大多数参与者均可从中受益。

　　紧急医疗服务（Emergency Medical Service，EMS）系统是为紧急病人提供快速响应、运输和适当紧急医疗服务的公共服务[13]。对于 EMS 而言，每一秒都至关重要，但是，目前的 EMS 系统却面临诸多挑战：①EMS 供应商与医院专业人员之间缺乏有效的沟通；②对护理质量的关注较少；③医疗设备和人员资源有限。为此，可利用移动边缘计算技术构建一个基于云的实时数据共享平台，为紧急医疗服务提供解决方案。例如，在交通事故中，通过实时数据共享的移动边缘计算平台，在救护车到达医院之前，将所有收集的数据，如生命体征、EKG 和事故现场的图

像或短视频等，自动、流式地传输到医院，从而提前收集关于入
院病人的相关信息。这样可以大大减少等待时间，提高医治的效
率。此外，还可以通过对现场实时的点对点视频通信来支持
EMS 远程医疗，提高院前护理质量。

3.5 公 共 安 全

目前，监控摄像头被广泛地应用在城市的路口及公共汽车
中，当有走失人口时，走失人的图像可能被某个摄像头捕获。然
而，考虑数据隐私问题或者数据通信成本，摄像头获取的数据通
常不会被上传到云端服务器上。虽然数据在云端数据服务器上可
能被访问，但是上传海量的视频数据至云端并进行图像搜索会带
来严重的传输带宽压力。此外，海量数据的搜索过程也会花费较
长的时间，对于寻找走失人口这类服务，如此长的查找时间是不
能被容忍的[12]。

在移动边缘计算模型中，计算通常发生在数据源的附近，即
在视频数据采集的边缘端进行视频数据的处理。以走失人的图像
为参数，在云计算中心生成"寻找走失人口"的请求，并发送给
目标区域内的所有边缘视频终端，每个边缘视频终端执行请求并
搜索本区域内的视频数据，执行完成后将结果返回给云端。这种
方法可充分利用边缘设备的计算能力，降低视频数据被传输到云
端过程中所造成的传输带宽的负载，相比云计算模型而言，基于

边缘计算的视频数据分析能够更快地得到运行结果，在降低响应延迟的同时减少了传输成本。例如，根特大学的 Simoens 等人[14]提出的利用 Cloudlet 充当边缘云进行视频分析的案例中，如图3-8 所示[14]，通过谷歌眼镜进行视频图像的捕捉，所获取的图像经过边缘云的去重、去隐私等处理之后存储到远端云上。通过边缘云的处理，不仅减少了传输量，而且还保护了数据隐私。当用户输入搜索条件时，如时间、路段、范围、特征，通过边缘云和远端云的联合搜索，最终提供准确的定位服务。

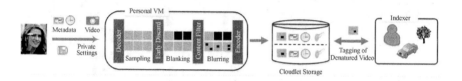

图 3-8　边缘视频分析案例

具体来说，在 Simoens 等人[14]提出的视频分析案例中，如图3-9 所示[14]，谷歌眼镜捕获视频流（即 Video），拥有各种计算资源的 Cloudlet 通过运行实时的视觉分析算法对 Video 进行预处理，具体经过 3 个步骤的处理：Sampling、Blanking 和 Blurring。同时，使用基于内容的存储优化算法对 Video 进行存储。为了保护 Video 的隐私，原始视频流的加密版本会存储于 Cloudlet 中。云中存储有 Video 段的目录，包括标签、ID、时间、存储位置等属性。当输入搜索条件时，通过终端、边缘云和远端云的协同处理，最终实现用户定制的且安全的搜索定位。

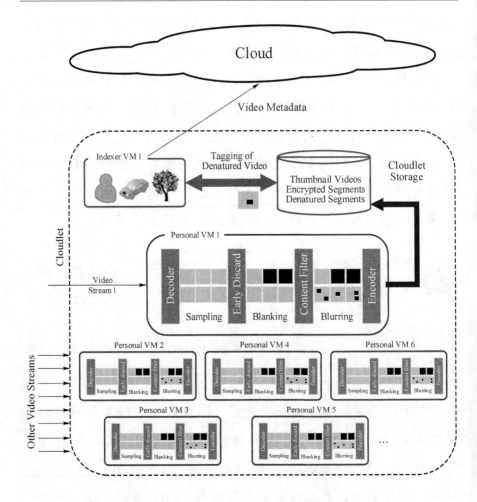

图 3-9 MEC 在安全定位服务中的应用

通过移动边缘计算进行实时的视频分析对了解犯罪行动也有帮助，例如，底特律警察署启动了一个名为"Project Green Light Detroit"的犯罪行动项目[13]，它在警察总部和合作伙伴之间安装了一百多台高品质摄像机，以进行视频流的实时收集，在边缘云上分析和归档实时的视频数据，识别潜在的危险事件，如犯罪中的枪声、绑架者的警报等。

除了前面所列举的应用场景以外，移动边缘计算还可应用到智慧城市和消防安全等领域。进入 21 世纪后，生态恶化、粮食短缺、能源匮乏、金融海啸、恐怖主义等问题层出不穷，这类问题不断蔓延，主要是由于城市并未发展成为可自我调节并可持续发展的系统。因此，未来的城市发展必须走智能化和可持续发展的道路。通过物联网、5G 和移动边缘计算等新一代信息技术，以及各种社交网络、购物网络、互联网金融等综合集成，形成对生产、生活和城市管理实现全面透彻的感知以及全方位、全体系、全过程诚信的城市形态[15]。此外，火灾事故给国家和人民造成了严重的损失，每年因为火灾死亡和受伤的人不计其数。在火灾事故中，迫切地需要确定消防员的物理位置，通过动态地实时跟踪其移动轨迹和邻近环境数据，以改善场地情境意识。为了实现这一目标，可利用无线传感和移动边缘计算技术来构建消防助手系统[13]：一个消防员位置实时监控系统可以快速创建 3D 建筑模型，动态定位、跟踪消防员的室内位置，并将其映射到生成的 3D 模型中。实时的视频数据可以从手持式红外摄像机流式传输到集中式站，即边缘计算控制中心，消防部门结合边缘控制中心推送的风险评估报告开展有针对性的工作，从而减少风险，确保安全。

本章参考文献

[1] 李福昌. MEC 研究进展与应用场景探讨［EB/OL］.（2017-02-23）
     ［2017-04-25］. http：//www. cww. net. cn/web/news/channel/arti-
     cleinfo. action? id＝167B31AB190541A1A9A485FF7D7A09E8.

[2] Patel M，Naughton B，Chan C，et al. Mobile-Edge Computing-Introduc-
     tory Technical White Paper［EB/OL］.［2017-04-24］. https：//portal. etsi.
     org/portals/0/tbpages/mec/docs/mobile-edge_computing_-_introductory_
     technical_white_paper_v1％2018-09-14. pdf.

[3] 李静林，刘志晗，杨放春. 车联网体系结构及其关键技术［J］. 北京邮
     电大学学报，2014，37(6)：95-100.

[4] Nokia. LTE and Car2x：Connected cars on the way to 5G［EB/OL］.
     ［2017-03-23］. http：//docplayer. net/41844166-Lte-and-car2x-connected-
     cars-on-the-way-to-5g. html.

[5] 美通社. 京信通信联同应科院于 MWC 演示移动边缘计算及车联网
     (V2X)原型系统［EB/OL］.［2017-03-01］. http：//www. prnasia. com/
     story/171045-1-ori. shtml.

[6] AR 能干什么？ 说说增强现实的那些应用场景［EB/OL］.（2016-07-07）
     ［2017-04-25］. http：//weibo. com/ttarticle/p/show? id＝2309403
     994642810030644.

[7] Hu Y C，Patel M，Sabella D，et al. Mobile edge computing—a key
     technology towards 5G［EB/OL］.（2017-03-18）［2017-04-25］. http：//
     www. etsi. org/images/files/ETSIWhitePapers/etsi_wp11_mec_a_

key_technology_towards_5g. pdf.

[8]　百度百科. 智能家居[EB/OL]. [2017-03-18]. https：//baike. baidu. com/
　　　item/％E6％99％BA％E8％83％BD％E5％AE％B6％E5％B1％85/
　　　686345? pr＝aladdin.

[9]　吴佳兴，李爱国. 基于云计算的智能家居系统[J]. 计算机应用与软件，
　　　2013,30(7)：240-243.

[10]　智能家居领域的边缘计算[EB/OL]. [2017-04-25]. http://www.
　　　mskkk. com/new/228970. html.

[11]　Shi W S, Cao J, Zhang Q, et al. Edge Computing：Vision and Chal-
　　　lenges[J]. IEEE Internet of Things Journal, 2016, 3(5)：637-646.

[12]　施巍松，孙辉，曹杰，等. 边缘计算:万物互联时代新型计算模型[J].
　　　计算机研究与发展，2017,54(5)：907-924.

[13]　Shi W S. EdgeCOPS：Edge Computing for Public Safety [EB/OL].
　　　(2017-04-12). http://mist. cs. wayne. edu/EdgeCOPS/.

[14]　Simoens P, Xiao Y, Pillai P,et al. Scalable crowd-sourcing of video
　　　from mobile devices[C]//Proceeding of the 11th Annual Interna-
　　　tional Conference on Mobile Systems, Applications, and Services.
　　　New York：ACM,2013：139-152.

[15]　百度百科. 智能城市[EB/OL]. [2017-04-20]. https://baike. baidu.
　　　com/item/％E6％99％BA％E8％83％BD％E5％9F％8E％E5％B8％
　　　82/2425468?fr＝aladdin.

第4章 工具与实验平台

在可预见的未来 5G 网络数据量激增的背景下，为了满足更高带宽、更低延时等用户体验，移动边缘计算技术正在引起业界相当多的重视，它的大规模部署会加速 5G 商业化。本章将对移动边缘计算仿真实现或者搭建真实运行系统可能用到的主要工具和平台进行介绍。

4.1 iFogSim

为了促使移动边缘计算中实时分析的创新和开发，需要一个采用不同资源管理和调度技术的评估环境。虽然采用一个真实的物联网环境作为实验平台是令人满意的，但是在多种情况下，真实环境太昂贵且无法提供重复和可控的环境。因此，澳大利亚墨尔本大学的 Buyya 等人[1]提出利用 iFogSim 仿真器①来授予资源管理仿真与在不同环境和条件下的跨边缘和云资源的应用程序调

---

① http：//www.cloudbus.org/cloudsim/。

度策略。

通过对边缘设备、云数据中心和网络连接进行仿真，iFogSim能够对用于边缘计算环境的资源管理策略进行评估，包括延时、能耗、网络瓶颈和操作成本等。在 iFogSim 的应用模型中，传感器首先发布数据到物联网络，随后运行在边缘云中的应用程序处理来自该传感器的数据，最后将所获得的信息转换为具体的行为，进而传递给制动器。为了实现 iFogSim 的功能，澳大利亚墨尔本大学的 Buyya 等人[2] 提出的 CloudSim 中的事件仿真功能、实体（如数据中心）和通过消息传递实现的实体之间的通信都被应用到该 iFogSim 结构中，iFogSim 的物理拓扑结构如图 4-1 所示[1]。

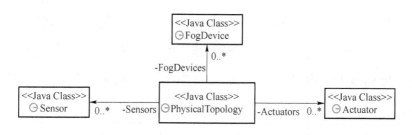

图 4-1　iFogSim 的物理拓扑结构图

① 雾设备（FogDevice）：即边缘云设备。该类指定边缘云的硬件特征和与其他边缘云、传感器和执行器之间的连接关系。此外，该类由 CloudSim 的 PowerDatacenter 类扩展而来，其属性包括可访问的内存、处理器、存储大小、上行和下行通信能力等。

② 传感器（Sensor）：代表物联网传感器的实体，该类指定传感器特征和从其连通到输出的属性，以及连接到该传感器后的边缘云的参考属性和它们之间连接的时延。

③ 执行器（Actuator）：对网络连接特性进行建模，该类指定执行器所连接的网关和该连接的时延。

接下来，我们详细介绍一个仿真案例：延迟敏感的在线游戏。台湾新竹交通大学的 Zao 等人[3]提出的 EEG 拖拉机梁游戏是一个涉及人脑与计算机交互的延迟敏感型游戏。作为一个智能手机上运行的安卓应用程序，该游戏可以获得由脑电图耳机感知的脑电图信号的实时处理，可以计算用户的大脑状态。具体地，在应用程序展示中，该游戏显示出围绕一个目标对象的组织中的所有玩家，每个玩家都以他们的集中水平为比例向目标施加一定的意念引力。为了能够赢得该比赛，每个玩家应该尽力通过锻炼集中度将该目标拉向自己，也就是剥夺另外玩家的机会来获得该目标。应用程序通过一个脑电图传感器来提供脑电图信号，由执行器向用户展示当前的游戏场景。应用程序模块由 iFogSim 构建，模块之间的边所具有的元组属性见表 4-1[1]。应用程序模块由执行处理的 3 个子模块组成：客户（Client）、集中度计算器（Concentration Calculator）和协调器（Coordinator）。这些模块之间的数据依赖性是由 iFogSim 中的 AppEdge 类构建的，对脑电图应用程序感兴趣的控制池是由 iFogSim 中的 AppLoop 类构建的，如图 4-2 所示[1]。3 个子模块的功能描述如下。

表 4-1 脑电图拖拉机梁游戏应用程序中模块之间链接的描述

TUPLE TYPE	CPU LENGTH（MIPS）	N/W LENGTH
EEG	2 000（A）/2 500（B）	500
SENSOR	3 500	500
PLAYER _ GAME _ STATE	1 000	1 000
CONCENTRATION	14	500
GLOBAL _ GAME _ STATE	1 000	1 000
GLOBAL _ STATE _ UPDATE	1 000	500
SELF _ STATE _ UPDATE	1 000	500

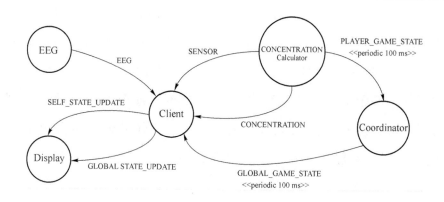

图 4-2 脑电图游戏应用程序模型

① 客户：该模块与传感器相互连接，用来接收粗糙的脑电图信号。它检查接收到的信号值并丢弃任何不一致的读数。如果与感受到的信号值一致，它就发送该值到集中度计算器模块来获得该信号的用户集中度水平。当收到所反馈的集中度水平时，它

负责发送该信号值到执行器并展示。

② 集中度计算器：该模块根据感受到的脑电图信号值来决定用户大脑状态和计算集中度水平，并通知客户模块所度量的集中度水平。

③ 协调器：该模块负责协调分布在不同地区的多个玩家，并向所有连接用户的客户模块发送游戏的当前状态。

4.2　JADE

JADE（Java Agent Development Framework）是一种完全以 Java 语言实现的软件框架，它通过符合 FIPA 规范的中间件和通过一组支持调试和部署阶段的图形工具来简化多代理系统的实施[4,5]。基于 JADE 的系统可以跨机分布（甚至不需要共享相同的操作系统），并且可以通过远程 GUI 控制配置。在需要的时候，可以将智能体从一台主机移动到另一台主机，在运行时甚至可以更改配置。

4.2.1　JADE 架构

在 JADE 中，智能体作为运行的实体，承载应用的不同功能。一个完整的 JADE 分布式系统被称为平台，平台利用容器去容纳智能体。一个平台可以有多个容器，并且这些容器可以在不

同的主机上。如图 4-3 所示[4]，一个网络中存在两个不同的
JADE 平台，其中一个平台由 3 个容器构成，另一个平台由 1 个
容器构成。JADE 智能体在平台上用独一无二的名字来标识，一
旦一个智能体获知网络上另一个智能体的名字，它们便可以进行
透明的通信，而不需要了解实际的位置。

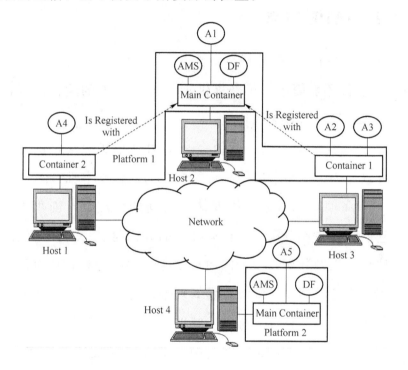

图 4-3　JADE 架构图例

在一个 JADE 平台中，有且仅有一个容器作为主容器。当其
他容器启动时，它们必须在主容器中注册。主容器除了可以提供
注册功能之外，还包含了两个特殊的智能体：AMS（Agent

Management System) 和 DF (Directory Facilitator)。AMS 负责
提供一些智能体管理功能，如命名智能体，从容器中创建或删除
智能体等。DF 负责提供黄页功能。当一个智能体需要利用其他
智能体提供服务时，它可以到 DF 中去查找。

4.2.2 JADE 特点

JADE 具有一系列的特点。

① 运行环境简单。仅需提供 Java 5.0 以上的运行环境，同
时支持 J2ME 平台和无线环境。

② 分布式结构。整个系统完全采用分布式构架，每个智能
体都可以作为一个单独的线程运行在不同的远程主机上。

③ 具备简单而有效的智能体生命周期管理。当创建智能体
时，它们将被自动分配一个全局唯一的标识符、一个用于注册的
传输地址，以及其所在平台的白页服务。除此之外，还有简单的
API 和图形工具用于本地和远程管理智能体生命周期，相关操作
包括创建、暂停、恢复、冻结、解冻、迁移、克隆和关闭。

④ 高效透明的异步通信机制。平台选择最好的通信手段，
并在可能的情况下避免编组/解组 Java 对象。跨越平台边界时，
消息将自动转换为符合 FIPA 的语法、编码和传输协议。

⑤ 支持移动性。在满足一定的前提条件下，智能体的代码
和状态都可以在进程和主机之间迁移。迁移过程对智能体是透明

的，即使在迁移过程中也可以继续进行交互。

⑥ 系统提供一组图形工具，用于帮助程序员进行调试和监视。这些工具在类似 JADE 的多线程、多进程以及多机系统中尤其重要。

⑦ 支持本体和内容语言。本体检查和内容编码由平台自动执行，程序员可以选择首选内容语言和本体（如基于 XML 和 RDF）。程序员还可以实现新的内容语言，以满足特定的应用程序需求。

⑧ 可扩展内核，旨在使程序员能够扩展平台功能。

4.2.3　JADE 通信机制

JADE 平台屏蔽了底层的差异，为每一个智能体提供透明的跨容器，甚至跨平台的信息传输服务。智能体之间采用异步通信，发信方只需将信息发送到接收方的信息队列即可，而该信息是否处理、如何响应则由接收方完全自主决定。

JADE 的信息格式遵循 FIPA 定义的 ACL 语言标准。每一条 ACL 信息包含发信方、接收方、通信行为、通信内容。其中，标准定义的通信行为有 22 种。当通信发生在平台内时，可直接在不同智能体之间进行。当通信跨越不同的平台时，则需要通过每个平台的消息传输服务（Message Telecommunication Service，MTS）将 ACL 信息转换成基于 HTTP 协议的信息发送，相反的转换过程同样由 MTS 完成。

4.2.4　Agent 迁移

可移动智能体通常被定义为可以迁移自己代码、数据以及状态的程序实体。代码是指该智能体本身执行的代码命令。数据包括智能体中各种变量的值、文件分类器等。状态是指迁移时智能体本身的运行环境，包括程序计数器、堆栈等。通常情况下，迁移进行前会先将智能体挂起，待迁移完成后再恢复运行。

JADE 本身提供了智能体迁移服务用于平台内的智能体迁移，而智能体跨平台迁移服务作为 JADE 的插件使 JADE 系统具备跨平台迁移的能力。跨平台迁移服务最大限度上做到了对程序员透明，从而使程序员直观上感受不到跨平台迁移与平台内迁移之间的差异。作为一种分布式系统，JADE 的特性与移动边缘计算的场景有较高的契合度。JADE 系统以智能体为任务实体，所有的运算和响应都以智能体行为的形式进行。这样一来，移动边缘计算系统中所有对服务的操作都可以通过对智能体的操作来实现。与此同时，JADE 系统的透明传输机制以及 ACL 语言标准，使得移动边缘计算系统可以简单又高效地实现各个服务的协同。除此之外，JADE 的迁移功能使得智能体可以在不同主机之间方便地迁移，结合官方的安卓系统插件，我们可以很方便地构建一个包含移动端在内的可迁移分布式系统，这就为服务卸载功能的实现提供了良好的支持。

4.3 OAI

OpenAirInterface（OAI）又称 OpenAirInterface5g，是欧洲 EURECOM 组织发起并维护的一个开源 SDR LTE 项目，以软件实现了完整的 3GPP 协议栈，利用 OAI 结合软件定义无线电组件（SDR）可以实现 4G LTE 基站，可以通过标准 C 基于 Linux 实时内核优化完成。OAI 的实现思想为：PC 通过软件实现 PHY（物理层）、MAC（介质访问控制）、RLC（无线链路控制协议）、PDCP（分组数据汇聚协议）、RRC（无线资源控制协议）各层功能，然后将生成的 IP 数据通过 Linux IP 协议栈进行发送，将非接入层（Non-Access Straum，NAS）的消息通过 AT（Attention）命令进行发送，eNodeB 和 MME 之间基于各自 IP 进行连接，信息传输也是基于各自的 IP 地址进行交换的。OAI 软件平台已经被作为无线通信技术研究与实现的验证平台。

4.3.1 OAI 内部流传送架构

OAI 按照 3GPP 协议完全实现了 LTE 的 EPC、eNB 和 UE 三部分，信令流和数据流分别传送，整体架构如图 4-4 所示[6]。具体地，eNB 是 UE 和核心网 EPC 之间的桥梁，MME、S-GW 和 P-GW 是 EPC 的网元，其中 MME 用作移动管理，P-GW 链接

Internet，S-GW 作为用户接入网络，主要负责路由选择和资源分配等。

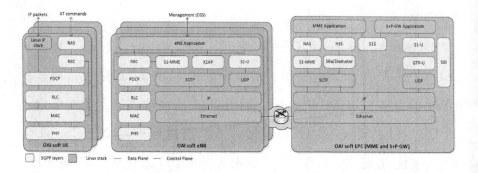

图 4-4　OAI 内部流传送架构图

4.3.2　OAI 软件架构

OAI 软件平台架构是按照类似网络 OSI 分层的思想进行实现的，通过各层预留的接口实现了层与层之间的数据传递，如图4-5 所示[7]，主要分为 4 层。

① Openair0：负责射频端的功能，由硬件 USRP 实现。

② Openair1：对应 LTE 的物理层、USRP 实现的数据传输接口，以及上层 MAC 层数据接口。

③ Openair2：负责 MAC 层的功能，包括完成任务调度等。

④ Openair3：负责实现网络层及以上功能。

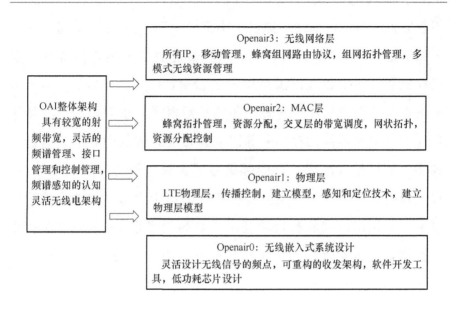

图 4-5　OAI 软件架构图

4.4　OpenStack

OpenStack 是一个由社区维护的开源项目，由一系列开源组件构成，可根据不同的需求建立公有云或私有云，并控制其计算、存储和网络资源池。

作为 IaaS 层的云操作系统，OpenStack 为虚拟机提供并管理三大类资源：计算、存储和网络，如图 4-6 所示[8]。OpenStack 以分配虚拟机的方式进行计算资源的分配，通过对虚拟机数量、参数的修改，可以实现为企业或服务提供商按需提供计算资源。

不仅如此，OpenStack 还提供了丰富的 API 供开发者使用，用户可以通过 Web 界面访问资源。随着云计算的发展，传统的企业级存储服务越来越难以满足用户的需求，OpenStack 不仅能对云中的存储资源进行集中管理，还能按需提供对象存储和块存储服务，充分满足不同的存储服务需求。目前，数据中心的数量越来越多，规模越来越大，其内部部署了大量的服务器、网络设备、存储设备、安全设备，甚至各种各样的虚拟设备。如此大的设备规模，对网络的部署和管理提出了更高的要求。OpenStack 提供了插件式、可扩展、API 驱动型的网络及 IP 管理方案，可以保证集群高效且稳定地运行。

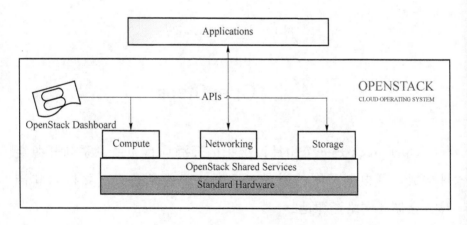

图 4-6　OpenStack 资源管理

　　OpenStack 的主要模块架构如图 4-7 所示[9]，其核心服务包括 Nova、Neutron、Cinder、Keystone、Glance、Swift、Dashboard 等。

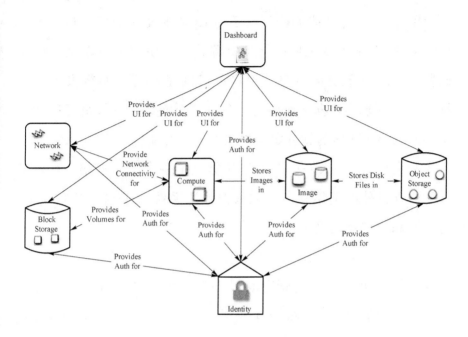

图 4-7　OpenStack 主要模块构架图

① Nova：一个云计算架构控制器，是 IaaS 系统的主要组成部分。Nova 旨在管理和自动化计算机资源池，可与广泛使用的虚拟化技术，以及裸机和高性能计算（HPC）配置配合使用。Nova 主要采用的虚拟机管理技术有 KVM、VMware 和 Xen 等，主要包括 Nova-api 和 Nova-scheduler 两个模块。其中，Nova-api 负责对外提供管理、控制的接口，Nova-scheduler 负责提供虚拟机调研逻辑，利用 RabbitMQ 实现服务的消息传递。

② Neutron：为不同的应用程序或用户组提供网络模型，标

准型号有 flat、vlan 和 vxlan。OpenStack 网络管理 IP 地址，允许专用静态 IP 地址或 DHCP。浮动 IP 地址使流量可以动态地重新路由到 IT 基础设施中的任何资源，因此用户可以在维护期间或发生故障时重定向流量。用户可以创建自己的网络来控制流量，并将服务器和设备连接到一个或多个网络。管理员可以使用像 OpenFlow 这样的软件定义网络技术，以此来支持高水平的多租户和大规模。OpenStack 网络还提供了一个扩展框架，可以部署和管理额外的网络服务，如入侵检测系统（IDS）、负载平衡、防火墙和虚拟专用网络（VPN）等。

③ Cinder：OpenStack 的块存储服务与 OpenStack 计算实例一起使用。块存储系统管理块设备到服务器的创建、附加和分离，封锁存储卷并使其完全集成到 OpenStack Compute 和仪表板中，允许云用户管理自己的存储需求。块存储适用于性能敏感的场景，如数据库存储、可扩展文件系统和提供访问原始块级别存储的服务器。

④ Keystone：云操作系统之间的通用认证系统可以支持多种形式的身份验证，包括标准用户名和密码凭据、基于令牌的系统和 AWS（Amazon Web Services）样式登录。此外，目录提供了在单个注册表中部署在 OpenStack 云中的所有服务的可查询列表，用户和第三方工具可以通过编程方式确定可访问的资源。

⑤ Glance：主要用于解决虚拟机镜像的管理问题。在生成一

个镜像后，需要将镜像注册到系统的数据库中；当要实例化一个虚拟机时，需要将镜像分派到一台具体的实机上以启动虚拟机。因此，Glance 最重要的接口是镜像的注册和分派。

⑥ Swift：OpenStack 的对象存储服务提供可扩展的冗余存储系统。对象和文件被写入散布在数据中心服务器上的多个磁盘驱动器，Swift 负责确保集群中的数据复制和完整性。只需添加新服务器，存储集群就可以水平扩展。如果服务器或硬盘驱动器出现故障，OpenStack 会将其内容从其他活动节点复制到集群中的新位置。因为 OpenStack 使用软件逻辑来确保跨不同设备的数据复制和分发，所以可以使用廉价的商用硬盘驱动器和服务器[10]。

⑦ Dashboard：为普通用户提供基于 Web 的图形管理界面。普通用户可以管理和使用自己的虚拟机，而管理员则可以对网络拓扑等资源进行管理。

4.5　Docker

Docker 是一个基于 LXC 的高级容器引擎，基于 Go 语言并遵从 Apache 2.0 协议开源。Docker 可以让开发者打包它们的应用以及依赖包到一个轻量级、可移植的容器中，然后发布到任何流行的 Linux 机器上，也可以实现虚拟化。Docker 容器完全使用沙箱机制，相互之间不会有任何接口，具有很低的性能开销，可以很容易地在机器和数据中心中运行。最重要的是，它们不依赖于任何语言、框架或系统[11]。

Docker 使用 C/S 架构模式，如图 4-8 所示[12]，作为服务器端的 Docker daemon，一般在宿主主机后台运行，可以接收并处理（创建、运行、分发容器）来自客户端的请求。Docker 客户端则为用户提供一系列可执行命令，用户用这些命令实现与 Docker daemon 的交互。客户端和服务器端既可以都运行在一个机器上，也可通过 Socket 或者 RESTful API 来进行通信。远程 API 管理和创建 Docker 容器，而 Docker 容器通过 Docker 镜像来创建，容器与镜像的关系类似于面向对象编程中的对象与类的关系[12]。

① Docker 镜像（Images）：用于创建 Docker 容器的模板。

② Docker 容器（Container）：是独立运行的一个或一组应用。

③ Docker 客户端（Client）：通过命令行或者其他工具使用 Docker API 与 Docker 的守护进程通信。

④ Docker 主机（Host）：一个物理或者虚拟的机器用于执行 Docker 守护进程和容器。

⑤ Docker 仓库（Registry）：用来保存镜像，可以理解为代码控制中的代码仓库。Docker Hub[13] 提供了庞大的镜像集合供使用。

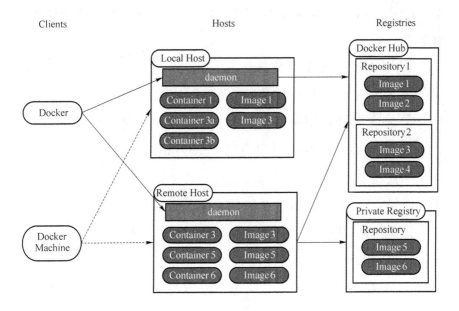

图 4-8　Docker 架构示意图

⑥ Docker Machine：一个简化 Docker 安装的命令行工具，通过一个简单的命令行即可在相应的平台上安装 Docker，如 VirtualBox、Digital Ocean、Microsoft Azure。

Docker 解决的核心问题是利用 LXC 来实现类似 VM 的功能，从而利用更加节省的硬件资源提供给用户更多的计算资源。与 VM 的方式不同，LXC 不是一套硬件虚拟化方法，而是一个操作系统级虚拟化方法，只能虚拟基于 Linux 的服务。基于 LXC 的轻量级虚拟化的特点，Docker 相比 KVM 等最明显的特点就是启动快、资源占用小。因此，可应用于构建隔离的标准化运行环境，轻量级的 PaaS（如 dokku）构建自动化测试和持续集成环境，以及一切可以横向扩展的应用[11]。Docker 通常适用于如下场景[14]：

① Web 应用的自动化打包和发布；

② 自动化测试和持续集成、发布；

③ 在服务型环境中部署和调整数据库或其他后台应用；

④ 从头编译或者扩展现有的 OpenShift 或 Cloud Foundry 平台，来搭建自己的 PaaS 环境。

但是，Docker 也不是全能的，简单总结如下几点：

① Docker 是基于 Linux 64 bit 的，无法在 Windows/UNIX 或 32 bit 的 Linux 环境下使用；

② 所有 Container 共用一部分的运行库，隔离性比 KVM 之类的虚拟化方案要弱；

③ 网络管理相对简单，主要是基于 namespace 的隔离；

④ cgroup 的 CPU 和 cpuset 提供的 CPU 功能相比 KVM 等虚拟化方案难以度量，dotCloud 主要是按内存收费的；

⑤ Docker 对磁盘管理比较有限；

⑥ Container 随着用户进程的停止而销毁，对用户数据收集不便。

4.6 OpenLTE

OpenLTE 是在 Linux 系统下使用 GNU Radio 软件开发实现

的 3GPP 通信协议的一个开源项目，主要实现一个简单的 4G 基站的功能。其功能模块使用 C++开发，主要包括 PHY、MAC、RLC、PDCP、RRC、MME 等模块。由于 GNURadio 的开源性，全世界软件无线电开发者广泛使用并对其不断进行完善，从而基于 GNURadio 开发的 OpenLTE 也被很多开源爱好者进行使用，它给无线技术研究人员提供了一个低成本平台进行开发研究[7]。

OpenLTE 软件平台架构主要分了 4 层：Radio 层主要实现射频端的功能，可由硬件 USRP 实现；RB 层管理无线逻辑资源；MsgQ 实现消息封装；Interface 层提供外部接口，各层功能如图 4-9 所示[7]。

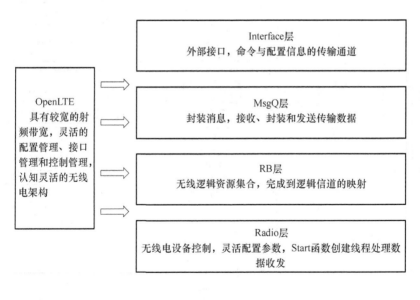

图 4-9 OpenLTE 软件结构图

OpenLTE 系统是基于 GNURadio 的开发模块化思想来实现 LTE 协议的各个模块的，包括物理层、介质访问控制、无线链路控制协议、分组数据汇聚协议、无线资源控制协议等，如图 4-10 所示[15]。下行数据以 IP 包的形式进行传送，在空中接口传送之前，IP 包将通过多个协议层实体进行处理。OpenLTE 通过软件实现这些模块，基带信号的传输则通过 USB 3.0 接口连接到 SDR 设备，通过 SDR 设备的采样和上下变频，将数字信号转换为射频信号并发射出去。

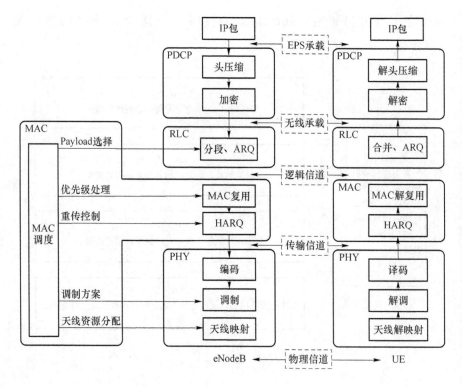

图 4-10　LTE 协议架构图

本章参考文献

[1]　Gupta H，Dastjerdi A V，Ghosh S K，et al. iFogSim：a toolkit for modeling and simulation of resource management techniques in internet of things，edge and fog computing environments［EB/OL］. (2016- 06-07)［2017-03-21］. https：//arxiv. org/p04/1606. 02007. pdf.

[2]　Calheiros R N，Ranjan R，Beloglazov A，et al. CloudSim：a toolkit for modeling and simulation of cloud computing environments and evaluation of resource provisioning algorithms[J]. Software：Practice and Experience，2011，41(1)：23-50.

[3]　Zao J K K，Gan T T，You C K，et al. Augmented brain computer interaction based on fog computing and linked data［C］//Intelligent Environments（IE），2014 International Conference on. Washington：IEEE，2014：374-377.

[4]　Fabio B. JAVA Agent DEvelopment Framework[EB/OL].［2017-03-21］. http：//jade. tilab. com/.

[5]　Bellifemine F L，Caire G，Greenwood D. Developing multi-agent systems with JADE[M]. New York：John Wiley & Sons，2007.

[6]　OpenAirInterfaceTM（OAI）：Towards Open Cellular Ecosystem，Table of Contents[EB/OL]. (2017-03-21). http：//www. openairinterface. org/?page_id=864.

[7]　吴彤,张玉艳,赵慧,等. 基于开源 SDR 实现 LTE 系统对比[J]. 电信

工程技术与标准化,2015,28(7):81-86.

[8] 百度百科. OpenStack[EB/OL]. [2017-03-25]. http://baike. baidu. com/item/OpenStack/342467? fr=aladdin.

[9] Hugo. OpenStack 架构[EB/OL]. (2012-09-25)[2017-03-25]. http:// ken. pepple. info/openstack/2012/09/25/openstack-folsom-architecture/.

[10] Rosado T, Bernardino J. An overview of openstack architecture[C]// Proceedings of the 18th International Database Engineering & Applications Symposium. New York: ACM, 2014: 366-367.

[11] 百度百科. Dorcker[EB/OL]. [2017-03-25]. http://baike. baidu. com/item/Docker/1334470? fr=aladdin.

[12] Runoob. Docker 架构[EB/OL]. [2017-03-25]. http://www. runoob. com/docker/docker-architecture. html.

[13] Docker Inc. Docker Hub[EB/OL]. [2017-03-30]. https://hub. docker. com.

[14] Docker 中文社区站. Docker 中文[EB/OL]. [2017-03-30]. http://www. docker. org. cn.

[15] MSCBSC. LTE 整体架构和协议架构概述[EB/OL]. (2014-07-18)[2017-03-30]. http://www. mscbsc. com/viewnews-101601. html.

第5章 未来挑战

移动边缘计算为各类物联网应用在网络的边缘提供服务交付，具有可移动性、异质性、位置感知、强伸缩性、低延迟和广泛分布等特点。一般来说，其目的是为了减少传输数据量、降低延迟、提高应用的执行速度、改善服务质量和用户体验等。移动边缘计算的出现弥合了远程数据中心和移动设备之间的差距，在带来技术优势的同时，也带来了新的挑战。在数据和控制层面，实时功能、设备间通信、边缘缓存、以客户为中心的控制以及灵活开发等都需要通过边界和核心之间的接口来实现。在应用层面，由自主代理引起的潜在不稳定性、不一致性和异构性，以及局部和全局协同之间的权衡问题等都必须加以解决[1]。综合工业界和学术界，本章将总结关于移动边缘计算在系统架构、服务与应用和安全与隐私等方面的主要挑战。

5.1 系统架构

移动边缘计算在系统架构方面存在以下主要挑战。

① 笼式安全。移动边缘计算中的资源面临的首要挑战是如何保证其安全等级与在运营商完全控制下的安全水平相同。例如，在极端情况下，操作者可能将计算机锁定在物理笼中，禁止任何没有笼子钥匙的人进入。那么只有硬件和软件的支持，是否可以实现与物理笼级别相同的安全保障？当资源完全转移到边缘时，对这种安全级别的影响是什么？这是一个有待首要考虑并解决的问题。

② 数据压缩和有效性。带宽使用的减少与结果数据的有效性之间存在着密切的关系。靠近源头的数据被压缩得越多，通过网络传输的数据就越少，但对于最终应用来说，这些数据的有效性可能就越小。然而，大多数的移动边缘计算应用场景都涉及高容量数据。这就需要考虑数据压缩方案的可用性，以及如何将数据的有效性进行分析建模或表示。数据可能具有寿命或保质期，智能数据知道自身的重要性，并在认为不重要时能够进行自我毁灭。

③ 权衡定理。移动边缘计算的基本属性有移动性、延迟、性能/容量和隐私，这4个因素之间可能存在着基本的制约关系，如可能能够实现其中3个，但不能实现全部，或者可能存在直接对立的因素。因为高性能就意味着高延迟，而提高隐私性也意味着延迟的增加。边缘计算的权衡定理是一个有趣的智力挑战，因素的影响关系需要视不同场景而定。

④ 数据源。数据源是指数据的产生方式，如输入源、程序、涉及的用户以及其他因素等。在移动边缘计算的环境中，数据源还存在另一个问题，即数据的使用。例如，数据可能会涉及不同管理领域，所以即使视频未被修改，执法部门也希望知道谁查看了特定的监控视频。此外，数据源本身的完整性也至关重要。

⑤ 在网络边缘启用 QoS。应用/服务可能使用终端用户和多个边缘云的计算资源，如何保证端到端的服务质量（QoS）呢？此外，因为这些资源可能由不同的供应商提供和经营，所以一个激励提供商合作并激励程序开发人员有效利用资源的新机制是有必要的。如果没有供应商之间的相互合作，当需要一个特定程序的端到端延迟时，应用程序开发人员必须对应用程序的计算和通信要求进行说明，与供应商分别协商服务等级协议并相应地使其不同部分映射不同的计算资源，以便满足端到端的延时需求。这种情况下，所开发的应用程序的部署不仅昂贵和过度配置，而且不易扩展。

5.2 服务与应用

移动边缘计算在服务与应用方面存在以下主要挑战。

① 命名、识别和发现资源。边缘服务具有数据处理、分析和智能认知功能，通常分布式地位于网络的边缘。分布式系统的

传统挑战也同样存在于移动边缘计算网络中，包括命名、识别和发现资源等。

② 标准化的 API。当边缘计算资源来自于不同的供应商时，为了实现正常的沟通与协同，API 需要被标准化。

③ 激励机制。边缘计算服务与传统的网络服务（如中间件）或云服务不同，它需要更好的商业模式和激励方案以鼓励用户采用边缘计算应用。

④ 实时处理和通信。尽管大多数边缘计算应用都需要实时处理和通信，但由于边缘计算设备的计算和通信能力有限，实现实时的视频分析和活动分析就变得比较困难。

⑤ 应用程序开发和测试工具。鉴于应用场景的多样性，开发出可适应各种环境并可处理性能/服务的故障弱化的应用程序具有一定的挑战性。此外，由于边缘计算应用程序仍处于起步阶段，为促进应用程序的开发，提供基础设施的工具和潜在的开放标准显得同样重要。

⑥ 边缘服务生态系统。设想有一个开放的生态系统：第三方包装和分发边缘服务，类似于移动应用程序；终端用户浏览、下载和安装适合各自边缘基础设施的各种边缘服务，类似终端用户使用在线应用商店下载各种应用。根据客户需求及成本为其选择最佳服务的边缘服务代理人将变得相当重要。

5.3 安全与隐私

移动边缘计算在安全与隐私方面存在以下主要挑战[2]。

① 身份认证。这是移动设备安全的基本要求，然而，许多资源受限的终端没有足够的内存和 CPU 来执行身份验证协议所需的加密操作。虽然传统的基于公钥基础设施 PKI 的身份验证可以解决安全通信问题，但是对于物联网系统来说，它不能够很好地得以扩展。

② 信任机制。随着边缘服务数量的增多，有关如何评估服务的可信赖性并处理不可信任服务的研究将越来越重要。移动边缘计算自身固有的特性会出现的问题：无法确定可以在多大程度上信任终端设备；没有有效的机制可以衡量什么时候该如何信任终端设备；在没有信任度量的情况下，用户可能会考虑是否要放弃使用某些物联网服务。因此，培养移动设备之间的信任为建立安全环境起着核心性作用，需要解决如何维持服务可靠性、防止意外失败、正确处理和识别不正当行为等问题。

③ 恶意节点检测。恶意的计算节点可能会伪装成合法节点来交换和收集其他物联网设备所生成的数据，也有可能会滥用用户的数据或向相邻节点提供恶意数据以破坏其行为。由于信任管理的复杂性，在物联网环境下处理这个问题可能会变得更加

困难。

④ 数据隐私。移动边缘计算环境中用户信息的隐私泄露（如数据、位置和生成模式）正在引起研究界的关注。资源受限的物联网设备缺乏加密或解密生成数据的能力，这使得它更容易遭受攻击。一些基于位置的应用服务，特别是移动计算应用程序，敌人可以根据通信模式推断物联网设备的位置。此外，随着移动设备数量的增加，所产生的数据量也呈指数增长。这些海量数据不仅被保存在通信层，还将保存在处理层，因此，要保证在处理中和处理后的数据的完整性。同时，还要保护用户对设备中某些应用生成数据的使用模式。例如，在智能电网中，可以通过智能电表的读数来揭示客户端的许多使用模式，如家庭中有多少人，什么时候打开电视或者什么时候在家等。许多隐私保护方案已经在不同的应用中被提出，如智能电网、医疗保健系统和车联网等[3]。然而，在移动边缘计算环境下如何提供有效和高效的隐私保护机制技术还有待解决。

⑤ 入侵检测和访问控制。入侵检测可以通过检测不当行为或恶意的移动设备，通知网络中的其他设备采取适当的措施。移动边缘计算本身的特性使其更难以发现内部和外界的攻击。访问控制是另一项安全技术，用于确保只有授权的实体才可以访问特定的资源。移动边缘计算也需要访问控制技术，以确保只有受信任的参与者才能够完成给定操作，如访问设备数据、给另一个设

备发布指令和更新设备的软件等。关键的挑战是如何设计并优化一套检测系统，使其应用在大规模、广泛地理分布和高度移动的移动边缘计算环境中。

上述列举的在物联网环境下移动边缘计算所面临的挑战不是详尽无遗的，如还存在密钥管理、数据聚合和可验证计算等安全性挑战，以及服务可信性和可靠性等问题。

本章参考文献

[1]　National Science Foundation. NSF Workshop Report on Grand Challenges in Edge Computing[EB/OL]. [2017-04-20]. http://iot. eng. wayne. edu/edge/NSF%20Edge%20Workshop%20Report. pdf.

[2]　Alrawais A, Alhothaily A, Hu C Q, et al. Fog computing for the internet of things：security and privacy issues[J]. IEEE Internet Computing，2017，21(2)：34-42.

[3]　Wei W, Xu F Y, Li Q. MobiShare：flexible privacy-preserving location sharing in mobile online social networks[C]//INFOCOM, 2012 Proceedings IEEE. Washington：IEEE，2012：2616-2620.